U0341441

大数据智慧计算原理方法

朱定局　著

国家科技支撑计划课题(No. 2015BAH42F01)

国家社会科学基金重大项目(No. 14ZDB101)

国家自然科学基金(No. 61105133)

科学出版社

北　京

内 容 简 介

　　本书的内容均为原创成果。其原创性在于：提出并研究给出了大数据智慧计算原理与方法，具体又提出并研究给出了跳板大数据智慧计算原理与方法、耦合大数据智慧计算原理与方法、先验大数据智慧计算原理与方法、自适应大数据智慧计算原理与方法、增量大数据智慧计算原理与方法、自动大数据智慧计算原理与方法、分治大数据智慧计算原理与方法、冗余大数据智慧计算原理与方法。

　　本书可作为大学和研究院所相关专业的教学用书和研究用书，同时还可以供政府部门和企事业单位参考。

图书在版编目(CIP)数据

大数据智慧计算原理方法/朱定局著. —北京：科学出版社，2015.2
ISBN 978-7-03-042863-9

Ⅰ.①大… Ⅱ.①朱… Ⅲ.①计算机网络-数据处理 Ⅳ.①TP393

中国版本图书馆 CIP 数据核字(2014)第 305090 号

责任编辑：杨帅英 唐保军 / 责任校对：张小霞
责任印制：张 倩 / 封面设计：北京图阅盛世文化传媒有限公司

科 学 出 版 社 出版
北京东黄城根北街 16 号
邮政编码：100717
http://www.sciencep.com

三河市骏杰印刷有限公司印刷
科学出版社发行　各地新华书店经销

*

2015 年 2 月第 一 版　开本：787×1092 1/16
2015 年 2 月第一次印刷　印张：12
字数：270 000

定价：68.00 元
(如有印装质量问题，我社负责调换)

前　　言

　　人类发明了算盘、计算器、计算机的目的是将人类从脑力劳动中解放出来,所以计算机也叫电脑,表明人类希望计算机和人脑一样具备智慧。当今随着计算机芯片技术、超级计算技术、云计算技术、网络技术的日益发展,计算机的计算能力、存储能力、网络传输能力发展非常迅速,甚至超过了人脑的计算、存储和协同能力,但即使这样,计算机能代替人来处理日常业务吗? 显然不能,如果能的话,那么我们就不用工作了,那么这本书的作者就有可能是个计算机了。目前为止,计算机还只是一个工具。例如,本书的写作都是在计算机上完成的。如果没有计算机,纸上写这本书,可能会花更多的时间,因为在计算机上修改、编辑、统计字数都变得非常方便。人类已经将诸如文字编辑、科学计算、社会计算等人类处理事情的方法融入了计算机系统中。计算机硬件是计算机的身体,计算机软件是计算机的灵魂。我在上大学的时候,计算机系统连我这个大学生学起来、用起来,都非常费劲。可现在,小孩子都能很快学会并熟练地在计算机上玩游戏、聊天。这是为什么? 这是因为计算机系统的软件中融入了越来越多的人类智慧,计算机系统越来越智慧,进而使得计算机系统越来越容易被使用。我上大学时的计算机如果只有 1 岁孩子的智商,那么现在的计算机估计已经有 5 岁孩子的智商,自然就更容易打交道了。大数据的兴起给进一步提升计算机的智力提供了一个机会,本书的目的就是在大数据处理中融入更多的智慧,使得计算机系统的智商进一步提高。

　　大数据的大不但表现在量大,更表现在包罗万象上,就是会包含不同对象,但在现实中这些表面上不怎么相关的数据的数据源也是分离的,所以就需要一种方法能把这些数据源关联起来。第 2 章正是针对处理海量大数据的需要,提出和研究了跳板大数据智慧计算原理与方法,以关联不同的数据源,使得不同的数据源之间可以互联互通,从而可以产生新的服务和新的数据。正是利用了跳板大数据智慧计算原理与方法,才使得云计算的调度与绿色能源的调度连接了起来(2.1 节),从而提高绿色电力的利用率;才使得虚拟建模与物联网连接了起来(2.2 节),从而通过虚拟模型可以操纵现实;才使得移动终端与超级计算机连接了起来(2.3 节),从而通过移动终端可以方便使用超级计算机。

　　大数据的结构非常复杂,体现在数据内部和数据之间都存在着异构性。传统处理大数据的框架如 hadoop,比较擅长于处理文本大数据,但在处理异构大数据时就有些力不从心,因为异构大数据的数据内部、数据之间的关系非常复杂,所以急需研究专门针对异构大数据的更为智慧的计算方法,来针对异构大数据的结构复杂性进行高效处理,得到预期的结果和效果。第 3 章正是针对处理异构大数据的需要,提出和研究了耦合大数据智慧计算原理与方法,使得异构大数据之间可以进行有效耦合。正是利用了耦合大数据智慧计算原理与方法,才使得分布式供电节点与分布式用电节点得到了耦合,从而提高了电网效率(3.1 节);才使得不同的云系统间得到了耦合,从而进一步发挥云的优越性(3.2节);才使得结构化数据与非结构化数据库在云中得到了耦合,从而既易于数据查询又易于数据分合(3.3 节)。

大数据的价值在于其中所蕴含的知识,而大数据中的知识只有依靠智慧计算才能充分地发现和利用。因为大数据不同于传统的数据,大数据是未经采样和加工的全数据,因此其数据质量远远低于传统数据,而数据复杂性远远高于传统数据,这就对处理数据的计算方法提出了更高的要求。第 4 章正是针对处理全大数据的需要,提出和研究了先验大数据智慧计算原理与方法,使得先验结果可以降解全大数据处理的难度。正是利用了先验大数据智慧计算原理与方法,才使得事先后台的仿真结果可以用于实时突发事件的仿真(4.1 节);才使得对各作者的文学作品的统计可以用于鉴别文学作品的作者(4.2 节)。

大数据中的知识是隐蔽的,需要利用一定的算法进行处理,才能够挖掘出其中隐藏的知识,这些知识往往能够帮助信息系统更好地适应环境因素和用户需求。第 5 章正是针对挖掘大数据隐蔽性知识的需要,提出和研究了自适应大数据智慧计算原理与方法,通过大数据感知环境因素和用户需求,从而更好地为用户提供贴心的服务。正是利用了自适应大数据智慧计算原理与方法,才使得云计算系统可以适应不同的网络环境、服务端环境、客户端环境,来调用不同的模块,从而使得云计算系统可用性更高(5.1 节);才使得超级计算机可以根据任务对节点的具体需求,将任务调度到相应计算能力的节点,从而使得超级计算效率提高(5.2 节);才使得广告可以根据网页内容进行插入,提高网页用户对广告的兴趣(5.3 节)。

大数据是动态发展的,有的大数据与日俱增,有的大数据与时俱增。如果大数据增加之后,重新全部处理一遍,那我们注定迟早会被淹没在无限增长的大数据的海洋之中而无法自拔。第 6 章正是针对处理动态大数据的需要,提出和研究了增量大数据智慧计算原理与方法,来充分利用已有大数据的处理结果。正是利用了增量大数据智慧计算原理与方法,才使得数字城市的更新无法从头再来,减少了数字城市更新的成本(6.1 节);才使得知识库能与时俱进,逐渐扩展知识、提高知识的准确度(6.2 节);才使得进行更细粒度的比对时,无需重复比对粗粒度中已经匹配成功的视频段,从而减少了对比的工作量(6.3 节)。

大数据最明显的特点就是数据量大,数据量越大,则所需的处理时间越长,所以加快数据处理的速度就显得非常重要。第 7 章正是针对处理海量大数据的需要,提出和研究了自动大数据智慧计算原理与方法,来消除数据处理过程中的人工干预。因为人工处理会大大降低数据处理的速度,所以数据处理的自动化是人类一直追求的目标,使得人类可以从脑力劳动中解放出来。正是利用了自动大数据智慧计算原理与方法,才使得数字城市可以从遥感影像中自动重建出来,而无需手工处理(7.1 节);才使得多媒体可以自动地被合适地切分,而无需人工干预(7.2 节);才使得某些机器人加入或离开巡逻队伍,巡逻队伍能够自动得到重新调配,而无法人为调整(7.3 节)。但只是自动还不够,因为即使自动了,海量的大数据还是难以及时地处理出结果,所以我们需要采用分治的方法,分而治之,化大为小来加速大数据的处理速度,使得大数据可以在有效的时间内处理出结果。第 8 章正是针对处理海量大数据的需要,提出和研究了分治大数据智慧计算原理与方法,来充分利用并行计算和云计算的优势来加速大数据的处理。分治,就是分而治之,从而大事化小。正是利用了分治大数据智慧计算原理与方法,才使得视频可以分为很多视频段同时转码,从而加快转码的速度(8.1 节);才使得多机器人的任务可以分发给很多云节点分别同时地处理,从而提高多机器人的处理能力(8.2 节);才使得密码可以隐藏在各云数据分块的分布中,从而提高云安全性(8.3节)。除了分治方法可以加速海量大数据的处理,第9章针对处理海量大数据的需要,提出和研究了冗余大数据智慧计算原理与方法,以空间换时间,来进一步加速海量大数据的处理速度,其中把程序也当作一种数据。正是利用了冗余大数据智慧计算原理与方法,才使得损失了微小的重叠边界存储,换来了大幅度的并行处理时网络通信量的降低,从而可以大幅度地提高并行处理速度(9.1节);才使得损失了不同版本同时存在的系统开销,换来了用户体验的大幅度提高(9.2节);才使得损失了各周期结果数据存储开销,换来了更高级别周期数据处理速度的大幅度提高(9.3节)。

本书的主要创新如下:

(1) 首次提出并研究给出了跳板大数据智慧计算原理与方法,并通过原创性例子进行说明,例子包括通过云计算调配绿色能源的原理与方法、虚拟建模物联云的原理与方法、通过移动终端访问超级计算机的原理与方法。

(2) 首次提出并研究给出了耦合大数据智慧计算原理与方法,并通过原创性例子进行说明,例子包括智能电网分布式耦合调度的原理与方法、多云服务调度的原理与方法、结构化与非结构化数据库融合的原理与方法。

(3) 首次提出并研究给出了先验大数据智慧计算原理与方法,并通过原创性例子进行说明,并通过具体例子进行说明,例子包括仿真知识库下实时仿真的原理与方法、文学作品作者自动鉴别的原理与方法。

(4) 首次提出并研究给出了自适应大数据智慧计算原理与方法,并通过原创性例子进行说明,例子包括自适应云计算的原理与方法、超级计算机自适应调度的原理与方法、网页广告自适应插入的原理与方法。

(5) 首次提出并研究给出了增量大数据智慧计算原理与方法,并通过原创性例子进行说明,例子包括数字城市增量更新的原理与方法、知识库增量式更新的原理与方法、多粒度视频比对的原理与方法。

(6) 首次提出并研究给出了自动大数据智慧计算原理与方法,并通过原创性例子进行说明,例子包括数字城市全自动生成的原理与方法、多媒体自动切分并行的原理与方法、可扩展多机器人巡逻的原理与方法。

(7) 首次提出并研究给出了分治大数据智慧计算原理与方法,并通过原创性例子进行说明,例子包括视频分片并行转码的原理与方法、多机器人云系统的原理与方法、以云数据分布特征为密码的原理与方法。

(8) 首次提出并研究给出了冗余大数据智慧计算原理与方法,并通过原创性例子进行说明,例子包括重叠边界并行处理的原理与方法、云服务无缝升级的原理与方法、视频点播数据多级云处理的原理与方法。

由于作者水平有限,书中难免有不妥甚至错误之处,恳请读者批评指正。

朱定局

2015 年 1 月 2 日于华南师范大学

目　　录

前言
第1章　大数据智慧计算原理与方法 ································· 1
1.1　大数据的特性 ··· 1
1.2　大数据对智慧计算的需求 ······························· 2
1.3　大数据智慧计算原理方法 ······························· 5
第2章　跳板大数据智慧计算原理与方法 ······················· 9
2.1　绿色能源 ·· 9
2.1.1　现有绿色能源技术的不足 ························· 9
2.1.2　通过云计算调配绿色能源的原理 ················· 10
2.1.3　通过云计算调配绿色能源的方法 ················· 11
2.2　虚拟建模 ··· 17
2.2.1　现有虚拟建模技术的不足 ······················· 17
2.2.2　虚拟建模物联云的原理 ························· 17
2.2.3　虚拟建模物联云的方法 ························· 19
2.3　超级计算机访问 ······································· 22
2.3.1　现有超级计算机访问技术的不足 ················· 22
2.3.2　通过移动终端访问超级计算机的原理 ············· 22
2.3.3　通过移动终端访问超级计算机的方法 ············· 23
第3章　耦合大数据智慧计算原理与方法 ······················ 30
3.1　智能电网的调度 ······································· 30
3.1.1　现有智能电网调度技术的不足 ··················· 30
3.1.2　智能电网分布式耦合调度的原理 ················· 30
3.1.3　智能电网分布式耦合调度的方法 ················· 32
3.2　云计算服务的调度 ····································· 41
3.2.1　现有云服务调度技术的不足 ····················· 41
3.2.2　多云服务调度的原理 ··························· 42
3.2.3　多云服务调度的方法 ··························· 43
3.3　结构化与非结构化数据库 ······························· 50
3.3.1　现有数据库技术的不足 ························· 50
3.3.2　结构化与非结构化数据库融合的原理 ············· 50
3.3.3　结构化与非结构化数据库融合的方法 ············· 52
第4章　先验大数据智慧计算原理与方法 ······················ 56
4.1　实时仿真 ··· 56

　4.1.1　现有实时仿真技术的不足 ·· 56
　4.1.2　仿真知识库下实时仿真的原理 ···································· 60
　4.1.3　仿真知识库下实时仿真的方法 ···································· 60
　4.2　文学作品作者鉴别 ·· 69
　4.2.1　现有作者鉴别技术的不足 ·· 69
　4.2.2　文学作品作者自动鉴别的原理 ···································· 69
　4.2.3　文学作品作者自动鉴别的方法 ···································· 71

第5章　自适应大数据智慧计算原理与方法 ······························ 80
　5.1　云计算 ··· 80
　5.1.1　现有云计算技术的不足 ·· 80
　5.1.2　自适应云计算的原理 ·· 80
　5.1.3　自适应云计算的方法 ·· 81
　5.2　超级计算机的调度 ·· 83
　5.2.1　现有超级计算机调度技术的不足 ·································· 84
　5.2.2　超级计算机自适应调度的原理 ···································· 84
　5.2.3　超级计算机自适应调度的方法 ···································· 85
　5.3　网页广告的插入 ·· 91
　5.3.1　现有网页广告插入技术的不足 ···································· 91
　5.3.2　网页广告自适应插入的原理 ······································ 91
　5.3.3　网页广告自适应插入的方法 ······································ 92

第6章　增量大数据智慧计算原理与方法 ·································· 96
　6.1　数字城市的更新 ·· 96
　6.1.1　现有数字城市更新技术的不足 ···································· 96
　6.1.2　数字城市增量更新的原理 ·· 98
　6.1.3　数字城市增量更新的方法 ··· 100
　6.2　知识库的更新 ·· 107
　6.2.1　现有知识库更新技术的不足 ····································· 107
　6.2.2　知识库增量式更新的原理 ··· 108
　6.2.3　知识库增量式更新的方法 ··· 109
　6.3　视频比对 ··· 113
　6.3.1　现有视频比对技术的不足 ··· 113
　6.3.2　多粒度视频比对的原理 ··· 113
　6.3.3　多粒度视频比对的方法 ··· 115

第7章　自动大数据智慧计算原理与方法 ································· 121
　7.1　数字城市的生成 ··· 121
　7.1.1　现有数字城市生成技术的不足 ··································· 121
　7.1.2　数字城市全自动生成的原理 ····································· 122
　7.1.3　数字城市全自动生成的方法 ····································· 123

　　7.2　多媒体的并行处理 ·· 128
　　　　7.2.1　现有多媒体并行技术的不足 ································· 128
　　　　7.2.2　多媒体自动切分并行的原理 ································· 128
　　　　7.2.3　多媒体自动切分并行的方法 ································· 131
　　7.3　多机器人巡逻 ·· 137
　　　　7.3.1　现有多机器人巡逻技术的不足 ·························· 137
　　　　7.3.2　可扩展多机器人巡逻的原理 ································· 137
　　　　7.3.3　可扩展多机器人巡逻的方法 ································· 139

第8章　分治大数据智慧计算原理与方法 ································· 145
　　8.1　视频转码 ·· 145
　　　　8.1.1　现有视频转码技术的不足 ···································· 145
　　　　8.1.2　视频分片并行转码的原理 ···································· 145
　　　　8.1.3　视频分片并行转码的方法 ···································· 146
　　8.2　多机器人系统 ·· 148
　　　　8.2.1　现有多机器人系统技术的不足 ·························· 148
　　　　8.2.2　多机器人云系统的原理 ······································· 149
　　　　8.2.3　多机器人云系统的方法 ······································· 151
　　8.3　云安全 ·· 157
　　　　8.3.1　现有云安全技术的不足 ······································· 157
　　　　8.3.2　以云数据分布特征为密码的原理 ····················· 158
　　　　8.3.3　以云数据分布特征为密码的方法 ····················· 159

第9章　冗余大数据智慧计算原理与方法 ································· 166
　　9.1　并行处理 ·· 166
　　　　9.1.1　现有并行处理技术的不足 ···································· 166
　　　　9.1.2　重叠边界并行处理的原理 ···································· 166
　　　　9.1.3　重叠边界并行处理的方法 ···································· 167
　　9.2　云服务的升级 ·· 170
　　　　9.2.1　现有云服务升级技术的不足 ······························· 170
　　　　9.2.2　云服务无缝升级的原理 ······································· 170
　　　　9.2.3　云服务无缝升级的方法 ······································· 171
　　9.3　视频点播数据处理 ··· 173
　　　　9.3.1　现有视频点播数据处理技术的不足 ·················· 173
　　　　9.3.2　视频点播数据多级云处理的原理 ····················· 174
　　　　9.3.3　视频点播数据多级云处理的方法 ····················· 175

参考文献 ··· 179
后记 ·· 180

第1章 大数据智慧计算原理与方法

1.1 大数据的特性

大数据有六大特性:数据量大(数量)、包罗万象(对象类型)、结构复杂(格式类型)、全数据(真实性)、知识隐蔽(隐蔽性)和动态发展(时态),如图1.1所示。其中,数据量大主要是从数量的角度来对大数据进行观察的结果,其中数据的数量非常庞大,体现在需要大量的存储空间,需要大量的计算资源对其中数据进行处理;包罗万象主要是从对象类型的角度来对大数据进行观察的结果,其中对象的类型非常多,在传统数据中不相关的对象类型也有可能被包罗进同一个大数据;结构复杂主要是从格式类型的角度来对大数据进行观察的结果,大数据中可以包含有大量异构的格式,这在传统数据中也是罕见的;全数据主要是从数据真实性的角度来对大数据进行观察的结果,全息数据、高维数据、中间数据等大大提高了数据的真实性;知识隐蔽是指无法通过普通的搜索、统计等手段获得其中知识。动态发展主要是从时态的角度来对大数据进行观察的结果,大数据和传统数据一样都会随时间变化,但由于大数据的量大,其增量也大,使得这随时间变化导致的数据量的剧增更不能忽视,而是要专门研究一种解决的方法。

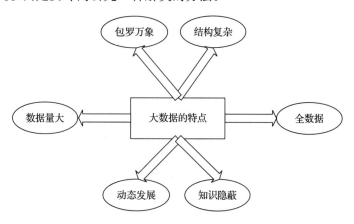

图1.1 大数据的特点

大数据的第1个特点是包罗万象。在传统数据时期,看起来毫不相关的数据,在大数据时代也会统一起来考虑,所以就导致很多数据原本看起来风马牛不相及,但现在我们要将这些数据关联起来考虑。但在现实中这些表面上不怎么相关的数据的数据源也是分离的,所以就需要一种方法能把这些数据源关联起来。一旦这些原本分离的数据源被关联起来,将会产生新的数据,从而又能进一步促进大数据的发展。

大数据的第2个特点是结构复杂。大数据相对于特定类型的数据,如数字、文本、图像、声音、视频这些单一的数据类型而言是结构最为复杂的一种数据。大数据是一种集视频、图像、声音、文字、数字于一体的大数据,也是一种集时间维、空间维、本性维于一体的大数据。正是因为其组成成分的复杂性,以及不同维之间的关联性,使得其大数据的特性更为突出。不但大数据内部的结构复杂,而且由于大数据拆分、加工、重组、挖掘等技术的应用,使得不同大数据之间也存在着千丝万缕的联系,形成了大数据之间结构的复杂性。

大数据的第 3 个特点是全数据。大数据是对现实世界的记录和复制,不丢弃貌似无关紧要的信息,而传统数据是人类或程序对客观世界的记录,其中有人类对客观世界的抽象及取舍。全数据在数据的维度上没有任何损失,所以大数据的挖掘价值更大。当然,这也是相对的,因为大数据的分辨率是有限的,而且大部分大数据也不是全息的,因此大数据也无法完全地复制现实,所以说大数据只是相对的全数据,但随着采集技术、存储技术的发展,大数据的分辨率会越来越高,而且会朝着全维、全息的方向发展,所以大数据的全数据性会越来越高。

大数据的第 4 个特点是知识隐蔽。大数据之所以被学术界和企业界甚至政府所重视,就是因为其中可以挖掘出大量的知识,但这些知识不是显而易见的,而是隐蔽的,需要采用专门的算法才可以分析出来。而且不存在一种放之四海而皆准的万能算法可以分析挖掘出所有大数据中蕴含的知识,必须要有针对性地在特定场景下对特定大数据进行特定的分析和挖掘。

大数据的第 5 个特点是动态发展。大数据不是死的数据,不是一成不变的数据,不是一旦处理完毕就一劳永逸的数据。因为我们的世界是动态的,整个世界最原始的状态就是一个连续不断的、将会延续无数亿年的大数据流。大数据在日新月异,甚至每秒都在剧增,如天文望远镜采集的天文数据、市民上传的视频数据、天气预报数据,都是在不断增加和发展中的大数据。

大数据的第 6 个特点是数据量大,而且大数据的数据量增长速度非常快。每天有无数的计算机在计算数据,无数的人在创建新的文档,录制新的音频,在向优酷等在线视频网站上传各种视频,每天都有无数的监控器、摄像头、传感器在采集各种各样的实时的、非实时的数据……。随着各种触摸屏、传感器等数据采集设备的普及,特别是智能手机也具备了输入信息、录制音频和视频的能力,现在已经进入全民大数据的时代。人们喜欢用文字、音频、视频来记录生活中的点点滴滴,学校喜欢将师生的教学资源共享,用视频来记录老师上课的实况,政府喜欢用公共服务平台采集大众信息并服务于大众,用视频来监控社会的动态。一个文本文件或图像文件或声音文件或视频文件,其数据量有大有小,小的有兆级,大的有吉级,超大的有太级,如高清视频就能达到太级。这些大数据含有非常丰富的信息,要占用大量的存储空间。同时,随着互联网特别是移动互联网的发展,越来越多的数据被上传到网上进行分享、拆分、加工、重组,从而使得从无数的原始数据中又衍生出更多数据量更大的目标数据,这又进一步增加了大数据的数据量。

1.2　大数据对智慧计算的需求

由于大数据具有 6 大特性,即数据量大(数量)、包罗万象(对象类型)、结构复杂(格式类型)、全数据(真实性)、知识隐蔽(隐蔽性)和动态发展(时态),这 6 大特性是传统数据所不具备或不明显具备的,但现有计算原理和方法一般都是针对传统数据来进行研究的,所以用现有计算原理方法处理大数据时就会显示出局限性,这就对大数据计算原理方法产生了创新的需求,本书提出并研究了能满足这种需求的 8 种大数据智慧计算原理方法,如图 1.2 所示。

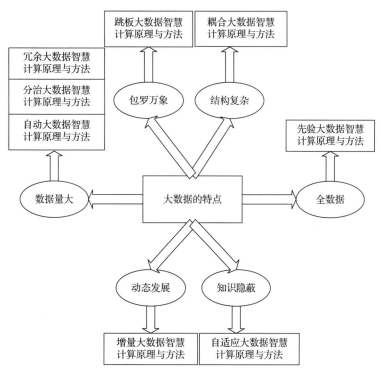

图 1.2　大数据对智慧计算的需求

大数据的大不但表现在量大,更表现在包罗万象,就是会包含不同对象,但在现实中这些表面上不怎么相关的数据的数据源也是分离的,所以就需要一种方法能把这些数据源关联起来。第 2 章正是针对处理海量大数据的需要,提出和研究了跳板大数据智慧计算原理与方法,以关联不同的数据源,使得不同的数据源之间可以互联互通,从而可以产生新的服务和新的数据。正是利用了跳板大数据智慧计算原理与方法,才使得云计算的调度与绿色能源的调度连接了起来(2.1 节),从而提高绿色电力的利用率;才使得虚拟建模与物联网连接了起来(2.2 节),从而通过虚拟模型可以操纵现实;才使得移动终端与超级计算机连接了起来(2.3 节),从而通过移动终端可以方便使用超级计算机。

大数据的结构非常复杂,体现在数据内部和数据之间都存在着异构性。传统处理大数据的框架如 hadoop,比较擅长于处理文本大数据,但在处理异构大数据时就有些力不从心,因为异构大数据的数据内部、数据之间的关系非常复杂,所以急需研究专门针对异构大数据的更为智慧的计算方法,来针对异构大数据的结构复杂性进行高效的处理,得到预期的结果和效果。第 3 章正是针对处理异构大数据的需要,提出和研究了耦合大数据智慧计算原理与方法,使得异构大数据之间可以进行有效耦合。正是利用了耦合大数据智慧计算原理与方法,才使得分布式供电节点与分布式用电节点得到了耦合,从而提高了电网效率(3.1节);才使得不同的云系统间得到了耦合,从而进一步发挥云的优越性(3.2节);才使得结构化数据与非结构化数据库在云中得到了耦合,从而既易于数据查询又易于数据分合(3.3节)。

大数据的价值在于其中所蕴含的知识,而大数据中的知识只有依靠智慧计算才能被充分发现和利用。因为大数据不同于传统的数据,大数据是未经采样和加工的全数据,因此其数据质量远远低于传统数据,而数据复杂性远远高于传统数据,这就对处理数据的计算方法提出了更高的要求。第4章正是针对处理全大数据的需要,提出和研究了先验大数据智慧计算原理与方法,使得先验结果可以降解全大数据处理的难度。正是利用了先验大数据智慧计算原理与方法,才使得事先后台的仿真结果可以用于实时突发事件的仿真(4.1节);才使得对各作者的文学作品的统计可以用于鉴别文学作品的作者(4.2节)。

大数据中的知识是隐蔽的,需要利用一定的算法进行处理,才能够挖掘出其中隐藏的知识,这些知识往往能够帮助信息系统更好地适应环境因素和用户需求。第5章正是针对挖掘大数据隐蔽性知识的需要,提出和研究了自适应大数据智慧计算原理与方法,通过大数据感知环境因素和用户需求,从而更好地为用户提供贴心的服务。正是利用了自适应大数据智慧计算原理与方法,才使得云计算系统可以适应不同的网络环境、服务端环境、客户端环境,来调用不同的模块,从而使得云计算系统可用性更高(5.1节);才使得超级计算机可以根据任务对节点的具体需求,将任务调度到相应计算能力的节点,从而使得超级计算效率提高(5.2节);才使得广告可以根据网页内容进行插入,提高网页用户对广告的兴趣(5.3节)。

大数据是动态发展的,有的大数据与日俱增,有的大数据与时俱增。如果大数据增加之后,重新全部处理一遍,那我们注定迟早会被淹没在无限增长的大数据的海洋之中而无法自拔。第6章正是针对处理动态大数据的需要,提出和研究了增量大数据智慧计算原理与方法,来充分利用已有大数据的处理结果。正是利用了增量大数据智慧计算原理与方法,才使得数字城市的更新无需从头再来,减少了数字城市更新的成本(6.1节);才使得知识库能与时俱进,逐渐扩展知识、提高知识的准确度(6.2节);才使得进行更细粒度的比对时,无需重复比对粗粒度中已经匹配成功的视频段,从而减少了对比的工作量(6.3节)。

大数据最明显的特点就是数据量大,数据量越大,则所需的处理时间越长,所以加快数据处理的速度就显得非常重要。第7章正是针对处理海量大数据的需要,提出和研究了自动大数据智慧计算原理与方法,来消除数据处理过程中的人工干预。因为人工处理会大大降低数据处理的速度,所以数据处理的自动化是人类一直追求的目标,可以使人类从脑力劳动中解放出来。正是利用了自动大数据智慧计算原理与方法,才使得数字城市可以从遥感影像中自动重建出来,而无需手工处理(7.1节);才使得多媒体可以自动地被合适地切分,而无需人工干预(7.2节);才使得某些机器人加入或离开巡逻队伍,巡逻队伍能够自动得到重新调配,而无法人为调整(7.3节)。但只是自动还不够,因为即使自动了,海量的大数据还是难以及时处理出结果,所以我们需要采用分治的方法,分而治之,化大为小来加速大数据的处理速度,使得大数据可以在有效的时间内处理出结果。第8章正是针对处理海量大数据的需要,提出和研究了分治大数据智慧计算原理与方法,充分利用并行计算和云计算的优势来加速大数据的处理。分治,就是分而治之,从而大事化小。正是利用了分治大数据智慧计算原理与方法,才使得视频可以分为很多视频段同时转码,从而加快转码的速度(8.1 节);才使得多机器人的任务可以分发给很多云节点分别同时地处理,从而提高多机器人的处理能力(8.2 节);才使得密码可以隐藏在各云数据分块的分布中,从而提高云安全性(8.3 节)。除了分治方法可以加速海量大数据的处理,第 9 章针对处理海量大数据的需要,提出和研究了冗余大数据智慧计算原理与方法,以空间换时间,来进一步加速海量大数据的处理速度,其中把程序也当作一种数据。正是利用了冗余大数据智慧计算原理与方法,才使得损失了微小的重叠边界存储,换来了大幅度的并行处理时网络通信量的降低,从而可以大幅度地提高并行处理速度(9.1 节);才使得损失了不同版本同时存在的系统开销,换来了用户体验的大幅度提高(9.2 节);才使得损失了各周期结果数据存储开销,换来了更高级别周期数据处理速度的大幅度提高(9.3 节)。

1.3　大数据智慧计算原理方法

本书提出并研究给出了 8 种大数据智慧计算原理方法(图 1.3):跳板大数据智慧计算原理与方法、耦合大数据智慧计算原理与方法、先验大数据智慧计算原理与方法、自适应大数据智慧计算原理与方法、增量大数据智慧计算原理与方法、自动大数据智慧计算原理与方法、分治大数据智慧计算原理与方法、冗余大数据智慧计算原理与方法。

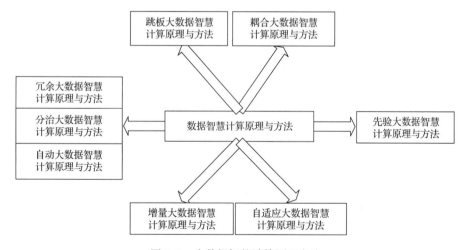

图 1.3　大数据智慧计算原理方法

每种大数据智慧计算原理与方法都通过原创性例子来进行说明。跳板大数据智慧计算原理与方法,例子包括通过云计算调配绿色能源的原理与方法、虚拟建模物联云的原理与方法、通过移动终端访问超级计算机的原理与方法,如图 1.4 所示。提出并研究给出了耦合大数据智慧计算原理与方法,例子包括智能电网分布式耦合调度的原理与方法、多云服务调度的原理与方法、结构化与非结构化数据库融合的原理与方法,如图 1.5 所示。提出并研究给出了先验大数据智慧计算原理与方法,例子包括仿真知识库下实时仿真的原理与方法、文学作品作者自动鉴别的原理与方法,如图 1.6 所示。提出并研究给出了自适应大数据智慧计算原理与方法,例子包括自适应云计算的原理与方法、超级计算机自适应调度的原理与方法、网页广告自适应插入的原理与方法,如图1.7所示。提出并研究给出了增量大数据智慧计算原理与方法,例子包括数字城市增量更新的原理与方法、知识库增量式更新的原理与方法、多粒度视频比对的原理与方法,如图1.8所示。提出并研究给出了自动大数据智慧计算原理与方法,例子包括数字城市全自动生成的原理与方法、多媒体自动切分并行的原理与方法、可扩展多机器人巡逻的原理与方法,如图1.9所示。提出并研究给出了分治大数据智慧计算原理与方法,例子包括视频分片并行转码的原理与方法、多机器人云系统的原理与方法、以云数据分布特征为密码的原理与方法,如图1.10所示。提出并研究给出了冗余大数据智慧计算原理与方法,例子包括重叠边界并行处理的原理与方法、云服务无缝升级的原理与方法、视频点播数据多级云处理的原理与方法,如图1.11所示。

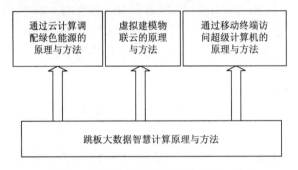

图1.4　跳板大数据智慧计算原理与方法

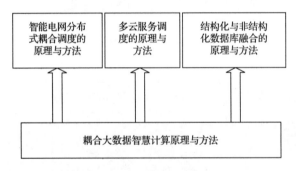

图1.5　耦合大数据智慧计算原理与方法

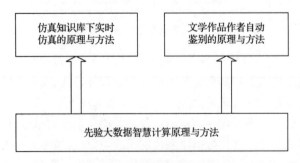

图1.6　先验大数据智慧计算原理与方法

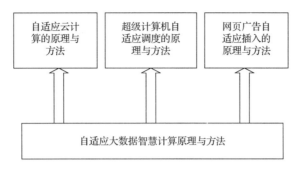

图 1.7 自适应大数据智慧计算原理与方法

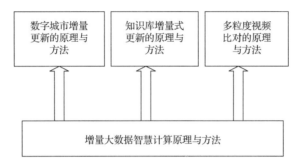

图 1.8 增量大数据智慧计算原理与方法

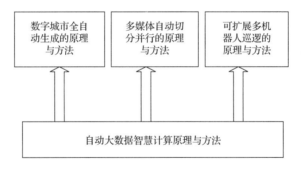

图 1.9 自动大数据智慧计算原理与方法

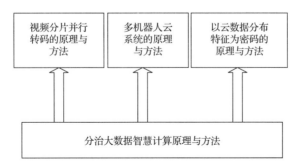

图 1.10 分治大数据智慧计算原理与方法

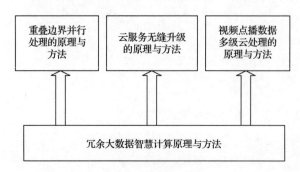

图 1.11　冗余大数据智慧计算原理与方法

第 2 章　跳板大数据智慧计算原理与方法

跳板大数据智慧计算原理与方法,可以关联不同的数据源,使得不同的数据源之间可以互联互通,从而可以产生新的服务和数据。正是利用了跳板大数据智慧计算原理与方法,才使得云计算的调度与绿色能源的调度连接了起来(2.1 节),从而提高绿色电力的利用率;才使得虚拟建模与物联网连接了起来(2.2 节),从而通过虚拟模型可以操纵现实;才使得移动终端与超级计算机连接了起来(2.3 节),从而通过移动终端可以方便使用超级计算机。

2.1　绿 色 能 源

绿色能源云计算系统包括:绿色能源监测模块,用于监测绿色能源的发电信息;云计算中心,包括依次连接的云计算节点负载监测模块、电能调度模块和云计算节点控制模块,其中,云计算节点负载监测模块用于监测云计算节点负载的用电信息,电能调度模块用于根据发电信息和用电信息计算得到调度控制指令,并发送调度控制指令,云计算节点控制模块用于根据调度控制指令控制云计算节点负载的开启或关闭。上述绿色能源云计算方法与系统通过绿色能源监测模块及云计算节点负载监测模块获取发电信息及云计算节点负载的用电信息,再通过电能调度模块及云计算节点控制模块的配合,充分利用绿色能源的电能,提高能源利用率。

2.1.1　现有绿色能源技术的不足

绿色能源也称清洁能源,是环境保护和良好生态系统的象征和代名词。它可分为狭义和广义两种概念。狭义的绿色能源是指可再生能源,如水能、生物能、太阳能、风能、地热能和海洋能。这些能源消耗之后可以恢复补充,很少产生污染。广义的绿色能源则包括在能源的生产及其消费过程中,选用对生态环境低污染或无污染的能源,如天然气、清洁煤和核能等。

云计算,是一个美丽的网络应用模式。狭义云计算是指 IT 基础设施的交付和使用模式,指通过网络以按需、易扩展的方式获得所需的资源;广义云计算是指服务的交付和使用模式,指通过网络以按需、易扩展的方式获得所需的服务。

云计算中心是提供上述云计算服务的工作平台,云计算中心的运行需要大量的电能,如果采用传统电网,由于传统电网的电能是先集中后分散的,从而存在着线损非常大的缺陷,造成了电能浪费。如果采用绿色能源,绿色能源的不稳定性使绿色能源无法并入大电网,也造成了电能的浪费。

2.1.2　通过云计算调配绿色能源的原理

一种绿色能源云计算系统,包括:

绿色能源监测模块,用于监测绿色能源的发电信息;

云计算中心,包括依次连接的云计算节点负载监测模块、电能调度模块和云计算节点控制模块;

所述云计算节点负载监测模块,用于监测云计算节点负载的用电信息;

所述电能调度模块,用于根据所述发电信息和所述用电信息计算得到调度控制指令,并发送所述调度控制指令;

所述云计算节点控制模块,用于根据所述调度控制指令控制云计算节点负载的开启或关闭。

优选地,所述电能调度模块包括:

设定单元,用于设定所述云计算节点负载的用电优先度;

自适应调度单元,用于根据所述发电信息、用电信息结合所述用电优先度计算并生成用电调度列表;以及指令处理单元,根据所述用电调度列表生成调度控制指令,并发送所述调度控制指令。

优选地,还包括:

分别与所述绿色能源监测模块和所述云计算节点负载监测模块连接的选择模块,所述选择模块用于判断所述发电信息是否符合用电条件,是,则导入符合用电条件的电能。

优选地,还包括:

与所述选择模块连接的储能模块,用于当所述发电信息不符合用电条件时,储备所述绿色能源提供的电能。

一种绿色能源云计算方法,包括:

监测绿色能源的发电信息;

监测云计算节点负载的用电信息;

根据所述发电信息和所述用电信息计算得到调度控制指令,并发送所述调度控制指令;

根据所述调度控制指令控制云计算节点负载的开启或关闭。

优选地,所述根据所述发电信息和所述用电信息计算得到调度控制指令,并发送所述调度控制指令的步骤包括:

设定所述云计算节点负载的用电优先度;

根据所述发电信息、用电信息结合所述用电优先度计算并生成用电调度列表;

根据所述用电调度列表生成调度控制指令,并发送所述调度控制指令。

优选地,所述监测绿色能源的发电信息的步骤之后包括:

判断所述发电信息是否符合用电条件,是,则导入符合用电条件的电能。

优选地,所述判断所述发电信息是否符合用电条件的步骤之后包括:

当所述发电信息不符合用电条件时,储备所述绿色能源提供的电能。

上述绿色能源云计算方法与系统通过在绿色能源监测模块及云计算节点负载监测模块获取发电信息及云计算节点负载的用电信息,再通过电能调度模块及云计算节点控制模块的相互配合,充分利用绿色能源的电能,提高能源的利用率;同时,也减少了对传统电网的电能依赖,减少了传统电网因需要"先集中后分散"的配电方式而导致的能量损耗,减少了电能浪费。

2.1.3　通过云计算调配绿色能源的方法

图 2.1 示出了方案一的绿色能源云计算系统,包括绿色能源监测模块 100 以及云计算中心 200。

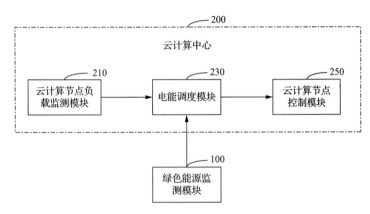

图 2.1　方案一的绿色能源云计算系统的模块图

绿色能源监测模块 100,用于监测绿色能源的发电信息。

本方案中,通过在绿色能源的发电节点设置多个传感器或检测器,并获取发电信息。发电信息包括:输出功率、输出电压、输出频率等信息。绿色能源包括:风能发电、太阳能发电、生物能发电、水力发电或潮汐能等。

存在着至少一个云计算节点负载的云计算中心 200,包括依次连接的云计算节点负载监测模块 210、电能调度模块 230 和云计算节点控制模块 250。

云计算节点负载监测模块 210,用于监测云计算节点负载的用电信息。

本方案中,云计算节点负载监测模块 210 通过在云计算中心 200 的云计算节点负载上设置多个传感器或检测器,并获取用电信息。用电信息包括:实际用电功率、实际用电电压、实际用电频率,以及额定功率、额定电压、额定频率等信息。

电能调度模块 230,用于根据发电信息和用电信息计算得到调度控制指令,并发送调度控制指令。

本方案中,电能调度模块 230 把发电信息与用电信息进行比较,并计算优先级别,同时生成调度控制指令,优先调度符合云计算节点负载用电条件的绿色能源的电能。

进一步地,结合图 2.2,电能调度模块 230 还包括:

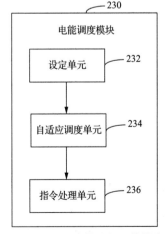

图 2.2　电能调度模块的具体模块图

设定单元232、自适应调度单元234及指令生成单元236。

设定单元232,用于设定云计算节点负载的用电优先度。

本方案中,设定单元232可以根据需要对云计算节点负载的优先级别进行设定,包括:核心云计算节点负载优先,即云计算中心200最为重要、最为核心的云计算节点将优先获得电能;处于高负荷状态的云计算节点负载优先,即比较重要的云计算节点负载的用电负荷都比较高(如运算设备等),较次要的云计算节点负载则用电负荷就比较低(如照明、指示设备等);同一个云计算中心200的云计算节点负载优先,若存在多个并网联通运行的云计算中心200,优先满足处于同一个云计算中心200的云计算节点负载的用电需求;以及电能质量优先,即绿色能源所提供电能的电能质量(功率、电压、频率)达到或高于云计算节点负载要求时,该云计算节点负载优先。

自适应调度单元234,用于根据发电信息、用电信息结合用电优先度计算并生成用电调度列表。

本方案中,在获得绿色能源所提供的发电信息以及云计算节点负载的用电信息后结合设定单元232所设定的用电优先度,通过比较计算得到对应的用电调度列表。

指令处理单元236,根据用电调度列表生成调度控制指令,并发送调度控制指令。

本方案中,指令生成单元236根据自适应调度单元234所生成的用电调度列表,按照优先级别从高至低地生成调度控制指令。可以理解,若绿色能源所提供的电能不够时,则对应的根据优先级别从低到高地生成关闭云计算节点负载的调度控制指令。

下面结合具体例子进行详细说明,请参阅列表2.1～表2.3。

表 2.1

负载	云计算节点负载 A	云计算节点负载 B	云计算节点负载 C
优先级别	高	中	低

表 2.2

负载	额定功率/kW	额定电压/V	额定频率/Hz
云计算节点负载 A	1 000	110	50
云计算节点负载 B	5 000	300	30
云计算节点负载 C	3 000	220	80

表 2.3

参量	输出功率/kW	输出电压/V	输出频率/Hz
绿色能源发电节点	3 000	110	50

通过表2.1和表2.3的比较可知,绿色能源发电节点提供的电能能够完全满足云计算节点负载 A 的要求;绿色能源发电节点提供的电能无法达到云计算节点负载 B 的功率、电压及频率要求;绿色能源发电节点提供的电能仅能够满足云计算节点负载 C 的功率要求,电压及频率的要求无法满足。而且,参见表2.1,优先级别是由云计算节点负载 A 至云计算节点负载 C 依次递减。因此,用电优先调度级别(从高到低)依次为云计算节

点负载 A、云计算节点负载 C、云计算节点负载 B。

优先级别的设定可以根据预先设定的参数进行比较,包括但不限于输出功率、输出电压等参数;当然也可以根据云计算中心 200 的运行情况来确定优先级别。可以理解,若绿色能源所提供的电能不足,需要关闭一些云计算节点负载,则对应的关闭云计算节点负载的顺序就应当从优先级别低的云计算节点负载至优先级别高的云计算节点负载进行逐步关闭,直到云计算节点负载的负荷与绿色能源提供的电能相平衡为止。

云计算节点控制模块 250,用于根据调度控制指令控制云计算节点负载的开启或关闭。

本方案中,云计算节点控制模块 250 根据电能调度模块 230 所发出的调度控制指令控制对应的云计算节点负载按照调度控制指令开启或关闭。

如图 2.3 所示,方案二中的绿色能源云计算系统除了包括绿色能源监测模块 100 以及云计算中心 200 之外,还包括了分别与绿色能源监测模块 100 和云计算节点负载监测模块 210 连接的选择模块 300。

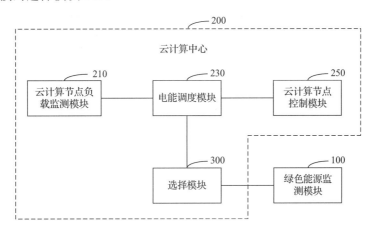

图 2.3　方案二的绿色能源云计算系统的模块图

选择模块 300,用于判断发电信息是否符合用电条件,是,则导入符合用电条件的电能。

本方案中,由于绿色能源具有不稳定性、不确定性等缺陷,故选择模块 300 根据绿色能源发电节点所提供的绿色能源进行选择。例如,用电条件可预设为:绿色能源能够持续稳定地提供能源(持续时间 5h 以上);绿色能源能够提供符合云计算节点负载的最低要求,如最低 110V,25Hz,1000kW。经过选择模块 300 的选择,将绿色能源相对稳定、确定的电能导入云计算中心 200,为云计算节点负载健康、稳定地运行提供保障,同时也保护了云计算中心 200 不受绿色能源扰动的干扰。

如图 2.4 所示,方案三的绿色能源云计算系统除了包括绿色能源监测模块 100、云计算中心 200 以及选择模块 300 之外,还包括与选择模块 300 连接的储能模块 400。

储能模块 400,用于当发电信息不符合用电条件时,储备绿色能源提供的电能。

本方案中,选择模块 300 判断绿色能源所提供的电能是否符合预设的用电条件,若否,则把不符合云计算节点负载用电条件的绿色能源储存于储能模块 400 中,以备在绿色

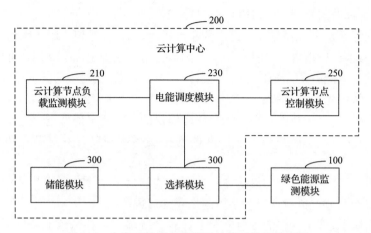

图 2.4　方案三的绿色能源云计算系统的模块图

能源的发电节点无法为云计算节点负载提供充裕电能时提供电能,进一步提高了绿色能源的利用率。该储能模块 400 可以通过变压设备、变频设备等,把储蓄的电能提高到符合云计算节点负载用电条件的电能,进一步的为云计算中心 200 正常、稳定、高效的运行提供保证。

　　基于上述三个方案中的绿色能源云计算系统,结合图 2.5,还有必要提供一种云计算网络调度系统。

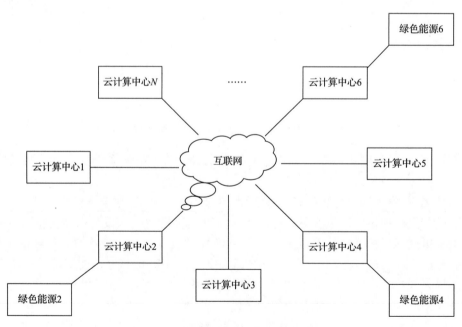

图 2.5　云计算网络调度系统的示意图

　　云计算网络调度系统包括至少 2 个绿色能源云计算系统,且绿色能源云计算系统之间通过互联网进行信息交互,调度电能。具体地,多个绿色能源云计算系统通过互联网进行信息交互,若其中的某个绿色能源云计算系统有富余的电能,可以把该电能调度至其他基于绿色能源的云计算中心 200,有关绿色能源云计算系统与方案一、方案二和方案三一致。

云计算网络调度系统可以包括传统的云计算中心,没有绿色能源的支持,拥有绿色能源的云计算中心 200 可以支持其他传统的云计算中心,增强云计算网络的稳定性。同时,还可以为不断扩展的云计算中心 200 相互提供电能,达到云计算网络"可扩展"的目的。

图 2.6 示出了方案四中的绿色能源云计算方法,包括以下步骤:

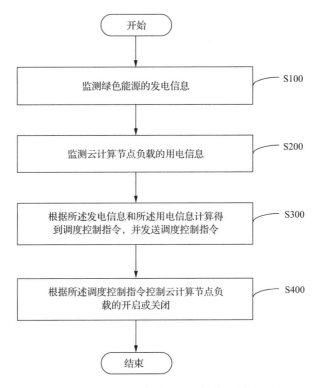

图 2.6　方案四的绿色能源云计算方法的流程图

步骤 S100,监测绿色能源的发电信息。

本方案中,通过在绿色能源的发电节点设置多个传感器或检测器,并获取发电信息。发电信息包括输出功率、输出电压、输出频率等信息。绿色能源包括风能发电、太阳能发电、生物能发电、水力发电或潮汐能等。

另一方案中,上述监测绿色能源的发电信息的步骤之后还包括了判断发电信息是否符合用电条件,是,则导入符合用电条件的电能。

本方案中,由于绿色能源具有不稳定性、不确定性等缺陷,故对绿色能源进行选择。例如,用电条件可预设为:绿色能源能够持续稳定的提供能源(持续时间 5h 以上);绿色能源能够提供符合云计算节点负载的最低要求,如最低 110V,25Hz,1000kW。经过选择,将相对稳定、确定的绿色能源的电能导入云计算中心,为云计算中心节点负载健康、稳定地运行提供保障,同时也保护了云计算中心不受绿色能源的干扰。

其他方案中,上述判断发电信息是否符合用电条件的步骤之后还包括了当发电信息不符合用电条件时,储备绿色能源提供的电能。

本方案中,判断绿色能源所提供的电能是否符合预设的用电条件,若否,则把不符合云计算节点负载用电条件的绿色能源储存起来,以备在绿色能源的发电节点无法为云计算节点负载提供充裕电能的时候提供电能,进一步提高了绿色能源的利用率。所储蓄的电能可以通过变压设备、变频设备等电能提高到符合云计算节点负载用电条件的电能,进一步的为云计算中心正常、稳定、高效地运行提供了保证。

步骤 S200,监测云计算节点负载的用电信息。

本方案中,云计算中心设置了至少一个云计算节点负载,通过在云计算中心的云计算节点负载上设置多个传感器或检测器,并获取用电信息。用电信息包括实际用电功率、实际用电电压、实际用电频率,以及额定功率、额定电压、额定频率等信息。

步骤 S300,根据发电信息和用电信息计算得到调度控制指令,并发送调度控制指令。

本方案中,把发电信息与用电信息进行比较,并计算优先级别,同时生成调度控制指令,优先调度符合云计算节点负载用电条件的绿色能源的电能。

在一个具体的方案中,上述步骤 S300 具体如图 2.7 所示。

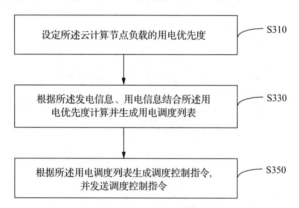

图 2.7　根据发电信息和用电信息计算并发出调度控制指令的方法流程图

步骤 S310,设定云计算节点负载的用电优先度。

本方案中,可以根据需要对云计算节点负载的优先级别进行设定,包括:核心云计算节点负载优先,即云计算中心最为重要、最为核心的云计算节点将优先获得电能;处于高负荷状态的云计算节点负载优先,即比较重要的云计算节点负载的用电负荷都比较高(如运算设备等),较次要的云计算节点负载则用电负荷就比较低(如照明、指示设备等);同一个云计算中心 200 的云计算节点负载优先,若存在多个并网联通运行的云计算中心,优先满足处于一个云计算中心 200 的云计算节点负载的用电需求;以及电能质量优先,即绿色能源所提供电能的电能质量(功率、电压、频率)达到或高于云计算节点负载的要求时,该云计算节点负载优先。

步骤 S330,根据发电信息、用电信息结合用电优先度计算并生成用电调度列表。

本方案中,在获得绿色能源所提供的发电信息以及云计算节点负载的用电信息后,结合设定的用电优先度,通过比较计算得到对应的生成用电调度列表。

步骤 S350,根据用电调度列表生成调度控制指令,并发送调度控制指令。

本方案中,根据用电调度列表,按照优先级别从高至低地生成调度控制指令。可以理解,若绿色能源所提供的电能不够时,则对应的根据优先级别从低到高地生成关闭云计算节点负载的调度控制指令。

步骤 S400,根据调度控制指令控制云计算节点负载的开启或关闭。

本方案中,根据调度控制指令控制对应的云计算节点按照调度控制指令开启或关闭。

基于上述三个绿色能源云计算方法的方案,还有必要提供一种云计算网络调度方法,包括:

获取至少 2 个基于绿色能源的云计算中心的调度信息;

根据调度信息,基于绿色能源的云计算中心的调度方法通过互联网进行信息交互并调度电能。

本方案中,多个绿色能源的云计算中心调度通过互联网进行信息交互,若其中的某个绿色能源的云计算中心调度系统有富余的电能,可以把该电能调度至其他绿色能源的云计算中心。有关基于绿色能源的云计算中心调度的方法与上述绿色能源云计算方法一致。

云计算网络调度方法可以包括传统的云计算中心,传统的云计算中心没有绿色能源的支持,而拥有绿色能源的云计算中心可以支持其他传统的云计算中心,以增强云计算网络的稳定性。同时,还可以为不断扩展的云计算中心相互提供电能,达到云计算网络“可扩展”的目的。

2.2　虚　拟　建　模

本方法涉及一种虚拟建模物联云方法与系统。所述控制方法包括以下步骤:获取监控场景中各物体的状态,生成状态数据;根据所述状态数据生成物体三维模型,由所述物体三维模型组成虚拟三维场景,并显示;获取用户对所述虚拟三维场景中物体三维模型的操作并生成事件数据;根据所述事件数据生成控制指令,根据所述控制指令控制所述监控场景中对应的物体动作。上述虚拟建模物联云方法与系统,采用获取监控场景中各物体的状态,生成状态数据,得到虚拟三维场景,并显示,再获取用户对物体三维模型的操作生成事件数据,根据事件数据生成控制指令,根据控制指令控制监控场景中的物体动作,实现了对监控场景中真实物体的控制操作,使用户有着身临其境的感受。

2.2.1　现有虚拟建模技术的不足

虚拟建模是将现实中的事物以二维或三维模型的方式在计算机中进行展示,计算机中的模型与现实事物之间应该有着对应关系和相似性。

传统的虚拟建模将现场的场景通过建模,使得用户在虚拟场景中感受真实物体,但在虚拟场景中无法控制真实物体。

2.2.2　虚拟建模物联云的原理

一种虚拟建模物联云方法,包括以下步骤:

获取监控场景中各物体的状态,生成状态数据;

根据所述状态数据生成物体三维模型,由所述物体三维模型组成虚拟三维场景,并显示;

获取用户对所述虚拟三维场景中物体三维模型的操作并生成事件数据;

根据所述事件数据生成控制指令,根据所述控制指令控制所述监控场景中对应的物体动作。

优选地,存储状态数据与物体三维模型的映射关系的步骤;根据所述状态数据生成物体三维模型,由所述物体三维模型组成虚拟三维场景并显示的步骤具体为:根据所述状态数据从所述映射关系中查找到物体三维模型,由查找到的物体三维模型组成虚拟三维场景,并显示。

优选地,对所述存储的状态数据与物体三维模型的映射关系进行在线升级的步骤。

优选地,获取监控场景中各物体标识号的步骤;获取用户对所述虚拟三维场景中物体三维模型的操作并生成事件数据的步骤具体为:获取用户对虚拟三维场景中物体三维模型的操作及所述物体标识号,根据所述操作及物体标识号生成事件数据。

优选地,还包括步骤:获取多个监控场景中各物体的状态,分别生成状态数据,对所述多个监控场景分配场景标识号,将所述状态数据及相应的场景标识号上传到云平台中心;在所述云平台中心根据所述状态数据生成物体三维模型,由物体三维模型组成与场景标识号相应的虚拟三维场景。

此外,还有必要提供一种虚拟建模物联云系统,能实现对真实物体的控制。

一种虚拟建模物联云系统,包括:

监控模块,用于获取监控场景中各物体的状态,生成状态数据;

显示模块,用于根据所述状态数据生成物体三维模型,由所述物体三维模型组成虚拟三维场景并显示;

交互模块,用于获取用户对所述虚拟三维场景中物体三维模型的操作并生成事件数据;

控制模块,用于根据所述事件数据生成控制指令,根据所述控制指令控制所述监控场景中对应的物体动作。

优选地,还包括存储模块,所述存储模块用于存储状态数据与物体三维模型的映射关系;所述显示模块还用于根据所述状态数据从所述存储模块中存储的映射关系中查找到物体三维模型,由查找到的物体三维模型组成虚拟三维场景,并显示。

优选地,还包括升级模块,所述升级模块用于对所述存储模块中存储的状态数据与物体三维模型的映射关系进行在线升级。

优选地,所述监控模块还用于获取监控场景中各物体标识号;所述交互模块还用于获取用户对虚拟三维场景中物体三维模型的操作及所述物体标识号,根据所述操作及物体标识号生成事件数据。

优选地,还包括上传模块和云平台中心,所述监控模块还用于获取多个监控场景中各物体的状态,分别生成状态数据,对所述多个监控场景分配场景标识号;所述上传模块将状态数据及相应的场景标识号上传到所述云平台中心;所述云平台中心根据所述状态数据生成物体三维模型,由物体三维模型组成与场景标识号相应的虚拟三维场景。

上述虚拟建模物联云方法与系统,采用获取监控场景中各物体的状态,生成状态数据,根据状态数据生成物体三维模型,由物体三维模型组成虚拟三维场景,并显示,再获取到用户对物体三维模型的操作生成事件数据,根据事件数据生成控制指令,根据控制指令控制监控场景中的物体动作,实现了对监控场景中真实物体的控制操作,使用户有着身临其境的感受。

2.2.3　虚拟建模物联云的方法

如图 2.8 所示,在一个方案中,一种虚拟建模物联云方法,包括以下步骤:

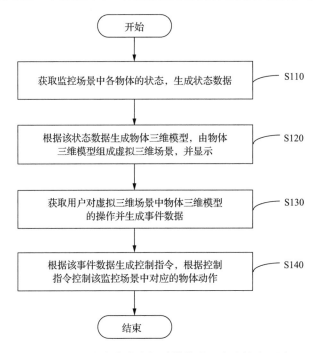

图 2.8　一个方案中虚拟建模物联云方法的流程图

步骤 S110,获取监控场景中各物体的状态,生成状态数据。

监控场景可为各种场景,如在机房内,物体为计算机,通过监控各台计算机的状态,生成状态数据;如在挖掘现场,物体可为地质体和掘土机,监控地质体和挖掘机的状态,生成状态数据等。通过监控传感器监控检测物体的状态,并生成状态数据,通过物联网发送。其中,物联网是通过网络将物体与用户连在一起,使得用户可以收集物体信息并控制物体的技术。物联云是指将物联网与云计算相结合,即通过物联网将计算处理转移到云计算端,由云计算端进行处理再将处理结果通过物联网实现对物体的控制。

在获取监控场景中各物体状态的同时,还可以获取监控场景中各物体标识号。物体标识号为物体的唯一标识,以便查找到对应的物体。

步骤 S120,根据该状态数据生成物体三维模型,由物体三维模型组成虚拟三维场景,并显示。

根据物体的状态数据生成物体三维模型,由一个或多个物体三维模型组成虚拟三维场景。在虚拟三维场景中可采用不同的指示灯表示物体的状态,如某个设备故障,则采用红色指示灯闪烁表示,若某个设备超载,则采用黄色指示灯闪烁表示。

在步骤 S120 之前,上述虚拟建模物联云方法还包括:存储状态数据与物体三维模型的映射关系。预先在虚拟建模模型中存储各物体的状态数据与物体三维模型的映射关系,方便根据状态数据查找到相应的物体三维模型。根据状态数据可生成物体的三维模型,由物体三维模型组成虚拟三维场景。

步骤 S120 具体为:根据状态数据从该映射关系中查找到物体三维模型,由查找到的物体三维模型组成虚拟三维场景,并显示。直接根据状态数据可查找到对应的物体三维模型,简单方便。

另外,可对存储的状态数据与物体三维模型的映射关系进行在线升级。状态数据与物体三维模型的映射关系可定时更新或根据需要更新。

步骤 S130,获取用户对虚拟三维场景中物体三维模型的操作并生成事件数据。

用户通过虚拟三维场景的交互界面上,可通过点击鼠标或触摸屏等,触发对物体三维模型的操作。如在机房中,对其中一台计算机操作以实现播放视频。获取到用户对三维模型的操作生成事件数据,将事件数据发送给控制系统。

当获取监控场景各物体的状态数据,获取到物体标识号时,步骤 S130 具体为:获取用户对虚拟三维场景中物体三维模型的操作及该物体标识号,根据该操作及物体标识号生成事件数据。用户选择一个物体三维模型操作后,获取到该物体三维模型对应的物体标识号,生成事件数据,如此事件数据中包含物体标识号,以便后续生成的控制指令快速控制被操作的物体。

步骤 S140,根据该事件数据生成控制指令,根据控制指令控制该监控场景中对应的物体动作。

控制系统根据事件数据生成控制指令,根据该控制指令可控制监控场景中的物体动作,如上述机房中对计算机操作生成事件数据,生成播放控制指令,根据该播放控制指令指定该计算机播放视频。

优选的方案中,上述虚拟建模物联云方法,还包括步骤:获取多个监控场景中各物体的状态,分别生成状态数据,对多个监控场景分配场景标识号,将状态数据及相应的场景标识号上传到云平台中心;在云平台中心根据状态数据生成物体三维模型,由物体三维模型组成与场景标识号相应的虚拟三维场景。各个监控场景中的各物体状态数据上传到云平台中心进行处理生成相应的虚拟三维场景。通过云平台中心可以对多个监控场景中的物体进行交互控制。云平台中心为中央处理中心,可对多个监控场景集中处理。

如图 2.9 所示,在一个方案中,一种虚拟建模物联云系统,包括监控模块 210、显示模块 220、交互模块 230 和控制模块 240。其中:

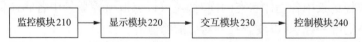

图 2.9　一个方案中虚拟建模物联云系统的结构示意图

监控模块 210 用于获取监控场景中各物体的状态,生成状态数据。监控场景可为各种场景,如在机房内,物体为计算机,通过监控各台计算机的状态,生成状态数据;如在挖掘现场,物体可为地质体和掘土机,监控地质体和挖掘机的状态,生成状态数据等。通过监控传感器监控检测物体的状态,并生成状态数据,通过物联网发送。其中,物联网是通过网络将物体与用户连在一起,使得用户可以收集物体信息并控制物体的技术。

另外,监控模块 210 在获取监控场景中各物体状态的同时,还可以获取监控场景中各物体标识号。物体标识号为物体的唯一标识,以便查找到对应的物体。

显示模块 220 用于根据该状态数据生成物体三维模型,由物体三维模型组成虚拟三维场景并显示。显示模块 220 根据物体的状态数据生成物体三维模型,由一个或多个物体三维模型组成虚拟三维场景。在虚拟三维场景中可采用不同的指示灯表示物体的状态,如某个设备故障,则采用红色指示灯闪烁表示,若某个设备超载,则采用黄色指示灯闪烁表示。

交互模块 230 用于获取用户对该虚拟三维场景中物体三维模型的操作并生成事件数据。用户通过虚拟三维场景的交互界面上,可通过点击鼠标或触摸屏等,触发对物体三维模型的操作。例如,在声波探测器和地质体场景中,对声波探测器进行操作使其对地质体进行声波探测。交互模块 230 获取到用户对三维模型的操作生成事件数据,将事件数据发送给控制模块 240。

交互模块 230 还用于获取用户对虚拟三维场景中物体三维模型的操作及物体标识号,根据该操作及物体标识号生成事件数据。用户选择一个物体三维模型操作后,交互模块 230 获取到该物体三维模型对应的物体标识号,生成事件数据,如此事件数据中包含物体标识号,以便后续生成的控制指令快速控制被操作的物体。

控制模块 240 用于根据该事件数据生成控制指令,根据该控制指令控制监控场景中对应的物体动作。如生成声波探测器工作控制指令,控制声波控制器探测地质体。

在一个方案中,如图 2.10 所示,上述虚拟建模物联云系统,包括监控模块 210、显示模块 220、交互模块 230 和控制模块 240,还包括存储模块 250、升级模块 260、上传模块 270 和云平台中心 280。

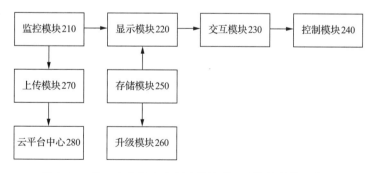

图 2.10　另一个方案中虚拟建模物联云系统的结构示意图

存储模块 250 用于存储状态数据与物体三维模型的映射关系。显示模块 220 还用于根据该状态数据从存储模块 250 中存储的映射关系中查找到物体三维模型,由查找到的物体三维模型组成虚拟三维场景,并显示。

升级模块 260 用于对存储模块 250 中存储的状态数据与物体三维模型的映射关系进行在线升级。状态数据与物体三维模型的映射关系可定时更新或根据需要更新。

监控模块 210 还用于获取多个监控场景中各物体的状态,分别生成状态数据,对多个监控场景分配场景标识号。

上传模块 270 将状态数据及相应的场景标识号上传到云平台中心 280。云平台中心 280 根据该状态数据生成物体三维模型,由物体三维模型组成与场景标识号相应的虚拟三维场景。通过云平台中心 280 可以对多个监控场景中的物体进行交互控制。云平台中心 280 为中央处理中心,可对多个监控场景集中处理。

上述虚拟建模物联云方法与系统,采用获取监控场景中各物体的状态,生成状态数据,根据状态数据生成物体三维模型,由物体三维模型组成虚拟三维场景,并显示,再获取到用户对物体三维模型的操作生成事件数据,根据事件数据生成控制指令,根据控制指令控制监控场景中的物体动作,实现了对监控场景中真实物体的控制操作,使用户有着身临其境的感受。

另外,根据映射关系查找得到物体三维模型,操作方便、快捷;对映射关系进行升级,可实时更新,满足不同数据状态生成物体三维模型的需求;根据物体标识号,更易对物体进行控制;通过云平台中心可以对多个监控场景中的物体进行交互控制。

2.3　超级计算机访问

本方法提供了一种移动终端设备、访问超级计算机的系统及方法。所述系统包括移动终端设备及与其进行交互的超级计算机,所述移动终端设备安装有超算服务客户端,所述超级计算机包括登录机和与所述登录机相连的运行机,所述移动终端设备通过超算服务客户端发送操作指令到所述登录机,所述登录机接收操作指令并选择运行机运行所述操作指令。采用本方法提供的移动终端设备、访问超级计算机的系统及方法,能提高访问超级计算机的便利性。

2.3.1　现有超级计算机访问技术的不足

超级计算机是指多个计算节点组合起来的、能平行进行大规模计算或数据处理的计算机,也称为并行计算机。超级计算机由于其强大的运算处理能力,现已被越来越多地应用于工业、科研、学术等领域。目前,访问超级计算机大都使用个人计算机(personal computer,PC),通过有线或无线网络及远程访问软件进行。然而,由于个人计算机或笔记本电脑随身携带比较笨重,且受地理位置和设备的限制,因此通过个人计算机访问超级计算机并不方便。

2.3.2　通过移动终端访问超级计算机的原理

所述移动终端设备,用于与超级计算机进行交互,所述移动终端设备安装有超算服务客户端,所述移动终端设备通过超算服务客户端发送操作指令到所述超级计算机的登录机,并从所述登录机接收所述操作指令在所述超级计算机上的运行结果。

所述超算服务器客户端可包括:收发单元,用于通过远程传输协议进行网络消息、数据、指令的收发;注册单元,与所述收发单元相连,用于生成注册超算服务的请求指令,并将注册信息通过所述收发单元发送至所述登录机;应用单元,与所述收发单元相连,用于生成操作指令。

所述访问超级计算机的系统包括移动终端设备及与其进行交互的超级计算机,所述移动终端设备安装有超算服务客户端,所述超级计算机包括登录机和与所述登录机相连的运行机,所述移动终端设备通过超算服务客户端发送操作指令到所述登录机,所述登录机接收操作指令并选择运行机运行所述操作指令。

所述超算服务客户端可包括:收发单元,用于通过远程传输协议进行网络消息、数据、指令的收发;注册单元,与所述收发单元相连,用于生成注册超算服务的请求指令,并将注册信息通过所述收发单元发送至所述登录机;应用单元,与所述收发单元相连,用于生成操作指令。

所述登录机可用于根据所述注册信息进行超算服务注册,并记录移动终端设备的超算服务信息。

所述系统还可包括与所述移动终端设备进行交互的计费服务器,所述计费服务器接收所述登录机发送的超算服务信息,并根据超算服务信息进行费用计算。

所述运行机可用于运行操作指令并将运行结果通过远程显示协议返回至所述登录机,所述登录机接收到运行结果则通过远程传输协议将运行结果发送至所述移动终端设备。

所述访问超级计算机的方法包括:安装有超算服务客户端的移动终端设备通过超算服务客户端发送操作指令到超级计算机;所述超级计算机的登录机接收操作指令并选择运行机运行操作指令。

所述方法还可包括:移动终端设备通过所述超算服务客户端将注册信息通过远程传输协议发送至所述登录机,所述登录机根据所述注册信息进行超算服务注册。

进行超算服务注册的步骤之后可包括:所述登录机记录移动终端设备的超算服务信息,并将所述超算服务信息发送至计费服务器,所述计费服务器根据所述超算服务信息进行费用计算。

运行操作指令的步骤之后可包括:所述运行机通过远程显示协议将运行结果返回至所述登录机,所述登录机接收到运行结果则通过远程传输协议将运行结果发送至所述移动终端设备。

上述访问超级计算机的系统及方法,通过在移动终端设备上安装超级服务客户端,并通过该超级服务客户端发送操作指令到超级计算机运行,可实现移动终端设备访问计算机,由于移动终端设备不受地理位置的限制,携带方便,因此提高了访问超级计算机的便利性。

2.3.3　通过移动终端访问超级计算机的方法

图 2.11 示出了一个方案中的访问超级计算机的系统,该系统包括超级计算机 10、计

费服务器 20 和移动终端设备 30。其中：

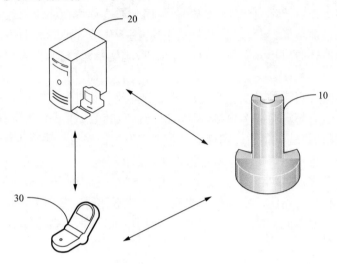

图 2.11　一个方案中访问超级计算机的系统结构示意图

超级计算机 10 用于进行数据的运算和处理，如图 2.12 所示，其包括登录机 11 和与登录机 11 相连的至少一个运行机 12。其中，登录机 11 可以是超级计算机 10 的登录节点，可使用超级计算机 10 的一个或多个计算节点作为登录机 11，登录机 11 用于接收移动终端设备 30 发送的操作指令并选择运行机 12 运行操作指令。

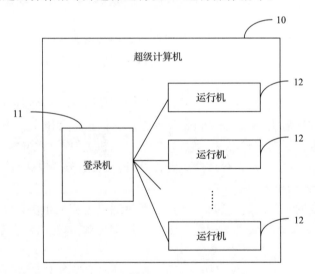

图 2.12　超级计算机的结构示意图

应当说明的是，对于移动终端设备 30 的用户来说，其可以使用登录机 11 执行各种操作和应用，因此登录机 11 对于用户来说也可以认为是一个超级计算的虚拟机。

运行机 12 可使用超级计算机的其他计算节点实现，用于运行接收到的操作指令，并将运行结果通过远程显示协议返回至登录机 11。

计费服务器 20 与超级计算机 10 进行交互，用于接收登录机 11 发送的超算服务信息,并根据超算服务信息进行费用计算。

移动终端设备 30 分别与超级计算机 10 及计费服务器 20 进行交互,其上安装有超算服务客户端 300。所谓超算服务,这里是指针对超级计算机所提供的服务,可包括各种类型的如网页操作、游戏运行、多媒体下载服务等。移动终端设备 30 通过超算服务客户端 300 发送操作指令到超级计算机 10 的登录机 11,并从登录机 11 接收操作指令在超级计算机 10 上的运行结果。

如图 2.13 所示,超算服务客户端 300 包括收发单元 301、注册单元 302 和应用单元 303。其中:

收发单元 301 用于通过远程传输协议进行网络消息、数据、指令的收发。

注册单元 302 与收发单元 301 相连,用于生成注册超算服务的请求指令,并将注册信息通过收发单元 301 发送至登录机 11。

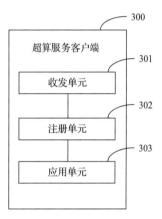

图 2.13　一个方案中超算服务客户端的结构示意图

在一个方案中,该注册信息包括用户标识(如手机号码)和密码信息,注册单元 302 生成注册超算服务的请求指令,收发单元 301 将该请求指令与注册信息一起发送至登录机 11,登录机 11 接收到该请求指令后,则根据注册信息进行超算服务注册。

在一个方案中,移动终端设备 30 会将超算服务客户端 300 运行的超算服务信息发送至登录机 11,超算服务信息可包括超算服务的类型、移动终端设备 30 使用超算服务的时间以及移动终端设备 30 所占用的超算资源等。登录机 11 接收到超算服务信息并进行记录,以及可将这些超算服务信息按照一定时间间隔发送至计费服务器 20。计费服务器 20 则根据超算服务信息进行费用计算。

应用单元 303 与收发单元 301 相连,用于生成操作指令。在一个方案中,应用单元 303 提供各种操作界面供用户输入信息或执行操作,并根据用户的操作生成各种操作指令。例如,移动终端设备 30 上运行一游戏程序,用户可通过应用单元 303 控制游戏角色执行各种动作,如用户通过按键或触摸屏幕将游戏角色移动到相应位置,则应用单元 303 会捕获到该操作并生成相应的移动指令。

在一个方案中,应用单元 303 生成的操作指令通过收发单元 301 发送至登录机 11,登录机 11 根据注册信息选择适合所述操作指令运行的运行机 12,并将所述操作指令送至运行机 12 运行,运行机 12 运行该操作指令并将运行结果通过远程显示协议返回至登录机 11。登录机 11 接收到运行结果则通过远程传输协议将运行结果发送至移动终端设备 30,并通过移动终端设备 30 上运行的超算服务客户端 300 进行显示。

图 2.14 示出了一个方案中访问超级计算机的方法流程,具体过程如下:

在步骤 S401 中,安装有超算服务客户端 300 的移动终端设备 30 通过超算服务客户端 300 发送操作指令到超级计算机 10。

在步骤 S403 中,超级计算机 10 的登录机 11 接收操作指令并选择运行机 12 运行操作指令。

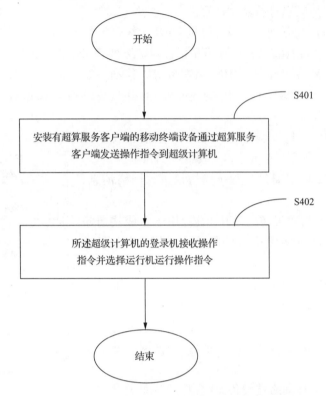

图 2.14　一个方案中访问超级计算机的方法流程图

在一个实施方式中,超算服务客户端 300 可采用虚拟网路计算机(virtual network computing,VNC)客户端,其提供的超算服务可包括网页操作、游戏运行、多媒体下载等各种类型的服务。

图 2.15 示出了一个方案中注册超算服务的方法流程,具体过程如下:

在步骤 S501 中,超算服务客户端 300 生成注册超算服务的请求指令,并将注册信息发送至登录机 11。在一个方案中,步骤 S501 的具体过程是:超算服务器客户端 300 的注册单元 302 生成超算服务的请求指令。例如,注册单元 302 可提供注册超算服务的申请界面,根据用户的操作及输入的信息生成超算服务的请求指令,并将该请求指令及注册信息提交至收发单元 301。注册信息可包括用户标识(如手机号码)及密码信息。收发单元 301 则将请求指令和注册信息一并通过远程传输协议发送至超级计算机的登录机 11。

在另一个方案中,也可通过向一定制的服务号码发送特定消息注册超算服务。例如,移动终端设备 30 可通过向一定制的服务号码发送短信,在提交短信信息的同时将注册信息一并发送至登录机 11。

在步骤 S502 中,登录机 11 根据注册信息进行超算服务注册。

在步骤 S503 中,登录机 11 记录移动终端设备 30 的超算服务信息。在一个方案中,超算服务信息包括超算服务的类型、移动终端设备 30 使用超算服务的时间及占用的超算资源等。例如,超算服务的类型是游戏程序运行,登录机 11 会记录游戏程序运行时所占用的超算资源,该超算资源包括:运行游戏程序所占用的超级计算机 10 的处理器、内存及

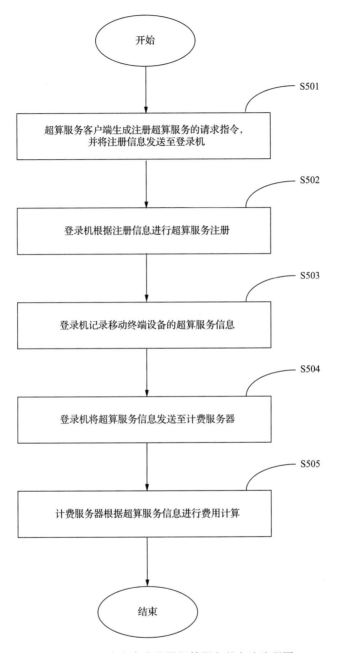

图 2.15　一个方案中注册超算服务的方法流程图

网络带宽等。

在步骤 S504 中,登录机 11 将超算服务信息发送至计费服务器 20。在一个方案中,可事先设定一时间间隔,登录机 11 则按该时间间隔发送超算服务信息到计费服务器 20 中。

在步骤 S505 中,计费服务器 20 根据超算服务信息进行费用计算。在一个方案中,计费服务器 20 接收登录机 11 发送来的超算服务信息,并根据这些超算服务信息进行费用计算,所计算出的费用可通过短信或其他形式发送到移动终端设备 30。

　　图 2.16 示出了一个方案中访问超级计算机的方法流程,具体过程如下:

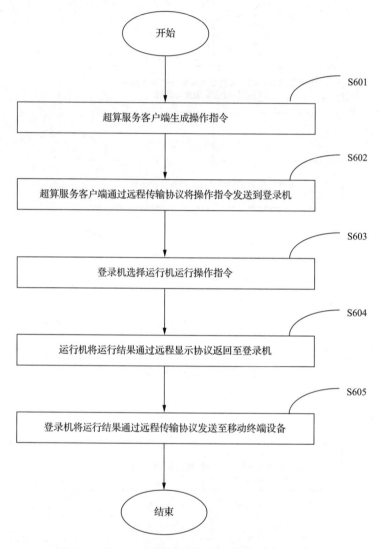

图 2.16　另一个实施中访问超级计算机的方法流程图

　　在步骤 S601 中,超算服务客户端 300 生成操作指令。在一个方案中,超算服务客户端 300 的应用单元 303 提供各种操作界面供用户执行操作,并根据用户的各种操作生成各种操作命令。例如,用户运行某一个游戏程序,在游戏中执行各种操作,则应用单元 303 可根据用户的不同操作生成不同的操作指令。

　　在步骤 S602 中,超算服务客户端 300 通过远程传输协议将操作指令发送到登录机 11。在一个方案中,超算服务客户端 300 的应用单元 303 生成各种操作指令并将操作指令提交给收发单元 301,收发单元 301 则通过远程传输协议将操作指令发送到登录机 11。

　　在步骤 S603 中,登录机 11 选择运行机 12 运行操作指令。登录机 11 接收到操作指令后,可根据移动终端设备 30 的注册信息,选择适合所述操作指令的运行机运行操作指令。当操作指令是并行程序时,登录机 11 还可选择运行机 12 中的子机执行操作指令。

在步骤 S604 中,运行机 12 将运行结果通过远程显示协议返回至登录机 11。

在步骤 S605 中,登录机 11 将运行结果通过远程传输协议发送至移动终端设备 30。运行结果可通过移动终端设备 30 上运行的超算服务客户端 300 进行显示。

第 3 章　耦合大数据智慧计算原理与方法

耦合大数据智慧计算原理与方法,使得异构大数据之间可以进行有效耦合。正是利用了耦合大数据智慧计算原理与方法,才使得分布式供电节点与分布式用电节点得到了耦合,从而提高了电网效率(3.1 节);才使得不同的云系统间得到了耦合,从而进一步发挥云的优越性(3.2 节);才使得结构化数据与非结构化数据库在云中得到了耦合,从而既易于数据查询又易于数据分合(3.3 节)。

3.1　智能电网的调度

一种智能电网调度系统及方法包括:发电节点信息采集模块,用于采集智能电网中发电节点的发电节点信息;用电节点配置模块,用于预设用电节点的优先模式和符合模式;处理模块,用于根据所述发电节点信息、优先模式和符合模式计算得到发电节点的调度优先度;列表生成模块,用于根据所述调度优先度生成发电节点列表;调度模块,用于根据所述发电节点列表调度用电节点至发电节点。上述智能电网调度系统及方法,根据发电节点列表的信息调度用电节点至发电节点,使智能电网中的发电节点所提供的电能以最高效的方式传输至用电节点,省去了传统电网中先集中后分发电能而不得不损耗的电能,节省了大量的能量,提高了电能的利用率。

3.1.1　现有智能电网调度技术的不足

智能电网(smart power grids),就是电网的智能化,也被称为"电网 2.0",它是建立在集成的、高速双向通信网络的基础上,通过先进的传感和测量技术、先进的设备技术、先进的控制方法及先进的决策支持系统技术的应用,实现电网的可靠、安全、经济、高效、环境友好和使用安全的目标,其主要特征包括自愈、激励和保护用户、抵御攻击、提供满足 21 世纪用户需求的电能质量、容许各种不同发电形式的接入、启动电力市场以及资产的优化高效运行。

智能电网的兴起,推动绿色能源的兴起,绿色能源的智能调度是提高智能电网中能源利用率的有效手段。而传统能源下的电网调度模式不能满足绿色能源小而散的分布,不能像传统能源发电站按照规划建造。绿色能源发电站的分布地点是由特定的自然环境所决定的,因此具有随机性。例如,哪里有风哪里有太阳,就在哪里建,不能再用传统能源形式下的先集中再分发的调度模式,那么电能就会在先集中后分发的过程中流过漫长的输电导线并造成巨大的电力损耗,使得能源利用率不高。

3.1.2　智能电网分布式耦合调度的原理

一种智能电网调度系统包括:发电节点信息采集模块,用于采集智能电网中发电节点的发电节点信息;用电节点配置模块,用于预设用电节点的优先模式和符合模式;处理模块,用于根据所述发电节点信息、优先模式和符合模式计算得到发电节点的调度优先度;列表生成模块,用于根据所述调度优先度生成发电节点列表;调度模块,用于根据所述发电节点列表调度用电节点至发电节点。

优选地,所述处理模块包括:优先度计算单元,用于根据所述发电节点信息计算得到发电节点的优先度信息;优先度选择单元,用于根据所述优先度信息中选择与所述优先模式相匹配的信息,确定优先模式;符合度计算单元,用于根据所述优先度信息与所述符合模式的需求相比较,确定符合模式;调度优先度计算单元,用于根据所述优先模式和所述符合模式计算得到调度优先度。

优选地,还包括与所述调度模块连接的支持模块,所述调度模块还用于判断发电节点是否能够达到用电节点的优先模式和符合模式的要求;否,则所述支持模块用于调度主干电网至用电节点。

优选地,还包括与所述调度模块、处理模块连接的反馈模块,所述调度模块还用于判断发电节点是否能够达到用电节点的优先模式和符合模式的要求;否,则所述反馈模块驱使所述处理模块重新计算发电节点的调度优先度。

优选地,所述处理模块还用于周期循环计算发电节点的调度优先度。

一种智能电网调度方法,包括:采集智能电网中发电节点的发电节点信息;预设用电节点的优先模式和符合模式;根据所述发电节点信息、优先模式和符合模式计算得到发电节点的调度优先度;根据所述调度优先度生成发电节点列表;根据所述发电节点列表调度用电节点至发电节点。

优选地,所述根据所述发电节点信息、优先模式和符合模式计算得到发电节点的调度优先度的步骤包括:根据所述发电节点信息计算得到发电节点的优先度信息;根据所述优先度信息中选择与所述优先模式相匹配的信息,确定优先模式;根据所述优先度信息与所述符合模式的需求相比较,确定符合模式;根据所述优先模式和所述符合模式计算得到调度优先度。

优选地,根据所述调度优先度生成发电节点列表的步骤包括如下步骤:清空发电节点列表;选择所述调度优先度的发电节点加入发电节点列表。

优选地,根据所述调度优先度生成发电节点列表的步骤之后有如下步骤:判断所述发电节点是否能够达到用电节点的优先模式和符合模式的要求,是,则进入根据所述发电节点列表调度用电节点至发电节点的步骤;否,则返回根据所述发电节点信息、优先模式和符合模式计算得到发电节点的调度优先度的步骤。

优选地,根据所述调度优先度生成发电节点列表的步骤之后有如下步骤:判断所述发电节点是否能够达到用电节点的优先模式和符合模式的要求,是,则进入根据所述发电节点列表调度用电节点至发电节点的步骤;否,则调度主干电网至用电节点。

优选地,根据所述发电节点信息、优先模式和符合模式计算得到发电节点的调度优先度的步骤还进一步周期循环计算发电节点的调度优先度。

上述智能电网调度系统及方法,根据发电节点列表的信息调度用电节点至发电节点,使智能电网中的发电节点所提供的电能以最高效的方式传输至用电节点,省去了传统电网中先集中后分发电能而不得不损耗的电能,节省了大量的能量,提高了电能的利用率。

同时,所有从发电节点提供的电能都是经过用电节点配置模块预设的优选模式和符合模式的筛选,真正的为用电节点提供了稳定、优质的电能,且是最为符合要求的电能,进一步提高了电能的利用率及稳定性。

3.1.3 智能电网分布式耦合调度的方法

为了解决能源利用率不高的问题,提出了一种提高能源利用率的智能电网调度系统。

在第一方案中,结合图3.1,一种智能电网调度系统,包括发电节点信息采集模块100,用电节点配置模块200,与发电节点信息采集模块100、用电节点配置模块200分别连接的处理模块300,与处理模块300连接的列表生成模块400及与列表生成模块400连接的调度模块500。

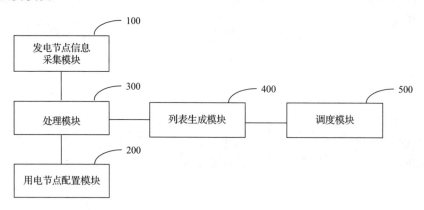

图3.1 第一方案的智能电网调度系统的示意图

发电节点信息采集模块100,用于采集智能电网中发电节点的发电节点信息。具体地,发电节点信息采集模块100通过设置在智能电网中各个发电节点的传感器、探测器或其他信号采集设备采集发电节点信息。其中,各个发电节点包括风能、太阳能、生物能、水能、沼气能、地热能或潮汐能等能源发电节点。所采集的发电节点信息包括发电节点的剩余能力,具体地,剩余能力为剩余的发电能力(可以是发电功率等)、剩余的供电能力(可以是内存/存储电能的大小等)、剩余的电网带宽(可以是每秒传输的度数等)及距离(发电节点至用电节点的距离)等信息。

用电节点配置模块200,用于预设用电节点的优先模式和符合模式。具体地,用电节点配置模块200可根据用电节点自身的需求,预设用电节点的优先模式和符合模式。该用电节点可以是家庭用户的用电节点、工业生产的用电节点、商业运营的用电节点或充电站的用电节点等。

优先模式,根据用电节点的需求,可以预设对发电节点的发电能力高优先,供电能力强优先,电网带宽快优先或距离短优先等。可以理解,也可以按照具体值或范围值设定优先模式,如发电能力为100MW优先,供电能力为10~20MW优先,电网带宽为360MW优先,距离为5~7km之内优先等。

符合模式,根据用电节点的要求,可以预设对发电节点提出符合用电节点的要求。例如,提供用电节点的剩余的供电能力不能够小于 10MW,提供用电节点的可用的发电能力不能小于 100MW,提供用电节点可用的电网带宽不能小于 360MW,提供的距离不大于 5km。

处理模块 300,用于根据发电节点信息采集模块 100 采集的发电节点信息,用电节点配置模块 200 预设的优先模式和符合模式计算得到发电节点的调度优先度。具体地,根据各个发电节点的剩余能力,结合具体的优先模式(如发电能力优先还是供电能力优先等)和符合模式(如可用发电能力不小于 100MW 或用电节点至发电节点的距离不大于 5km 等),并通过比对,计算得到发电节点的调度优先度。

进一步,结合图 3.2,处理模块 300 包括优先度计算单元 301、优先度选择单元 302、符合度计算单元 303 及调度优先度计算单元 304。

优先度计算单元 301,用于根据发电节点信息计算得到发电节点的优先度信息。具体地,优先度计算单元 301 根据发电节点信息采集模块 100 获取到的发电节点信息,通过设定函数 f 进行计算并得到发电节点 i 的优先度信息。该优先度信息包括综合优先度 E_i、发电能力优先度 F_i、供电能力优先度 G_i、电网带宽优先度 H_i、稳定优先度 I_i 等。

函数 f 对应的发电节点为 i,综合优先度 $E_i = f(A_i, B_i, C_i, D_i)$、发电能力优先度 $F_i = f(A_i)$、供电能力优先度 $G_i = f(B_i)$、电网带宽优先度 $H_i = f(C_i)$、稳定优先度 $I_i = f(D_i)$。具体地,

综合优先度:
$$E_i = A_i/A_{\text{all}} + B_i/B_{\text{all}} + C_i/C_{\text{all}} - D_i/D_{\text{all}}$$
发电能力优先度
$$F_i = A_i/A_{\text{all}}$$
供电能力优先度
$$G_i = B_i/B_{\text{all}}$$
电网带宽优先度

$$H_i = C_i/C_{\text{all}}$$

稳定优先度

$$I_i = 1 - (D_i/D_{\text{all}})$$

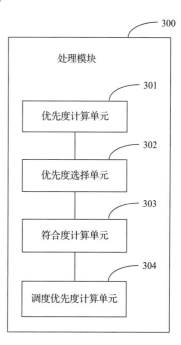

图 3.2　处理模块的具体示意图

其中,A_{all} 是发电节点 i 的总发电能力;B_{all} 是发电节点 i 的总供电能力;C_{all} 是发电节点 i 的总电网带宽;D_{all} 是发电节点 i 所能容忍的最高距离;A_i 为剩余的发电能力;B_i 为剩余的供电能力;C_i 为剩余的电网带宽;D_i 为用电节点至发电节点的距离。

函数 f 需遵循 A_i 越大则 E_i 越大,B_i 越大则 E_i 越大,C_i 越大则 E_i 越大,D_i 越大则 E_i 越小的原则。结合具体的例子,若发电节点 i 的总发电能力 A_{all} 为 500MW,剩余的发电能力 A_i 为 300MW,则发电能力优先度 $F_i = f(A_i) = A_i/A_{\text{all}} = 300\text{MW}/500\text{MW} = 0.6$。

可以理解,综合优先度 E_i、发电能力优先度 F_i、供电能力优先度 G_i、电网带宽优先度 H_i 及稳定优先度 I_i 可以通过相同的计算方案计算出具体的数值。

优先度选择单元 302,用于根据优先度信息中选择与优先模式相匹配的信息,确定所选择的优先模式。具体地,结合优先度信息预设优先模式,该优先模式可以是发电能力优先、供电能力优先或电网带宽优先等。结合具体的例子,优先度选择单元 302 选择的优先模式为发电能力优先,则从优先度信息中获取发电能力优先度信息。

符合度计算单元 303,用于根据优先度信息与符合模式的需求相比较,确定符合模式。具体地,符合模式的需求可预设为:用电节点对发电节点的能力要求,如提供该用电节点的可用剩余的供电能力不能小于 10MW,提供该用电节点的可用发电能力不能小于 100MW,提供该用电节点的可用电网带宽不能小于 360MW,提供该用电节点至发电节点的距离不大于 5km。

在此,符合度计算单元 303 设定函数 h,通过优先度计算单元 301 所提供的优先度信息与符合模式的需求相比较,确定符合模式。符合模式的函数
$$U_i = h(B_i/M, A_i/F, C_i/C, D_i/T) = B_i/M + A_i/F + C_i/C + D_i/T$$
计算获得符合度。其中,M 为符合的供电能力;F 为符合的发电能力;C 为符合的电网带宽;T 为符合的用电节点至发电节点的距离。

函数 h 需遵循发电节点 i 的剩余能力越大于其限定值时,U_i 越大;越小于其限定值时,U_i 越小。当发电节点 i 的剩余能力等于其限定值时 $U_i = 1$。结合具体的例子,若 M 符合的供电能力为 100MW,发电节点的 B_i 剩余供电能力为 150MW,则剩余供电能力的符合模式为 $h(B_i/M) = 150\text{MW}/100\text{MW} = 1.5$。可以理解,采用同样的方法,可以计算发电功率的符合模式 $h(A_i/F)$,可以计算其中某几个关注的符合模式 $h(B_i/M, A_i/F, C_i/C)$,也可以计算综合的符合模式 $U_i = h(B_i/M, A_i/F, C_i/C, D_i/T)$。

调度优先度计算单元 304,用于根据优先模式和符合模式计算得到调度优先度。具体地,可以通过设定函数 w,调度优先度为 $S_i = w(\text{优先模式},\text{符合模式})$,即可以通过从优先度选择单元 302 选择符合的优先模式,且与符合度计算单元 303 计算获得的符合模式相乘获得调度优先度。结合具体的例子,优先模式为发电能力优先度 F_i,即发电能力优先度 $F_i = f(A_i) = A_i/A_{\text{all}}$;符合模式为发电能力 A_i,即发电能力的符合模式 $U_i = h(A_i/F)$;调度优先度函数为 $S_i = w(F_i, U_i)$,即 $S_i = F_i \times U_i$。其中 $F_i = A_i/A_{\text{all}} = 0.8$,$U_i = A_i/F = 1.1$,则 $S_i = 0.88$。可以理解,优先模式包括但不限于一种优先模式,同理符合模式也可为多种,其计算方法符合乘法分配率。

列表生成模块 400,用于根据调度优先度生成发电节点列表。具体地,列表生成模块 400 选择调度优先度最大的发电节点,并将该发电节点对应的发电节点地址加入发电节点列表中。进一步的,还可以对发电节点的发电机组或其发电机为单位进行调用,则将发电节点对应的发电机组地址和/或其发电机地址一并加入发电节点列表中,这里的发电机组地址可以是发电机组编号或发电机名,发电机地址也可以发电机编号等,精确地调用发电节点中的发电机组或发电机能够更为高效地利用电能。发电节点列表生成模块 400 在生成发电节点列表之前,可清空一次发电节点列表。

调度模块 500,用于根据发电节点列表调度用电节点至发电节点。具体地,根据发电

节点列表的信息调度用电节点至发电节点,使智能电网中的发电节点所提供的电能以最高效的方式传输至用电节点,省去了传统电网中先集中后分发电能而不得不损耗的电能,节省了大量的能量,提高了电能的利用率。

同时,所有从发电节点提供的电能都是经过用电节点配置模块 200 预设的优选模式和符合模式的筛选,能真正地为用电节点提供稳定、优质的电能,且是最为符合要求的电能,进一步提高了电能的利用率及稳定性。

在第二方案中,结合图 3.3,与第一方案的区别是,该智能电网调度系统还包括与调度模块 500 连接的支持模块 600。具体地,调度模块 500 还用于判断发电节点是否能够达到用电节点的优先模式和符合模式的要求;否,则支持模块 600 用于调度主干电网至用电节点;是,则调度模块 500 直接调度用电节点至智能电网中的发电节点。在本方案中,调度模块 500 把智能电网与主干网融合在一起,即在智能电网的发电节点无法满足用电节点的情况下,通过调度主干网的电能至用电节点,使得用电节点能正常、稳定地运行。调度模块 500 为用电节点的运行提供有力支持,使得智能电网有更强的"坚强性"。

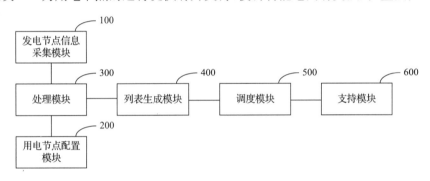

图 3.3　第二方案的智能电网调度系统的示意图

在第三方案中,结合图 3.4,与第一方案的区别是,该智能电网调度系统还包括与调度模块 500、处理模块 300 连接的反馈模块 700。具体地,该调度模块 500 还用于判断发电节点是否能够达到用电节点的优先模式和符合模式的要求;否,则反馈模块 700 驱使处理模块 300 重新计算发电节点的调度优先度,寻找符合调度要求的发电节点,并把最佳的发电节点电能提供给用电节点,使得智能电网具有更强的"智能性和优化性"。

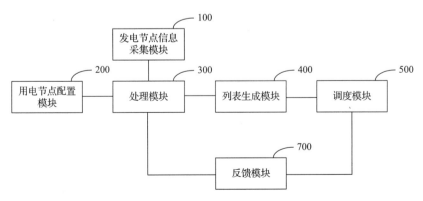

图 3.4　第三方案的智能电网调度系统的示意图

在第四方案中,与第三方案的区别是,处理模块 300 也可以周期循环(如每隔 1h 或 10h 等)计算发电节点的调度优先度,并把最佳的发电节点电能提供给用电节点。

在第五方案中,与第一方案的区别是,该智能电网调度系统还包括与调度模块 500 连接的支持模块 600,与调度模块 500、处理模块 300 连接的反馈模块 700。具体地,调度模块 500 还用于判断发电节点是否能够达到用电节点的优先模式和符合模式的要求。否,则支持模块 600 用于调度主干电网至用电节点;且反馈模块 700 驱使处理模块 300 重新计算发电节点的调度优先度,寻找符合调度要求的发电节点,并把最佳的发电节点电能提供给用电节点。是,则调度模块 500 直接调度用电节点至智能电网中的发电节点。通过支持模块 600 和反馈模块 700 的配合,在智能电网中的发电节点无法达到用电节点的要求,支持模块 600 调度主干网为用电节点提供持续、稳定的电能。同时,反馈模块 700 再驱使处理模块 300 重新计算发电节点的调度优先度,需找符合调度要求的发电节点,提高智能电网的"智能性"和"优化性"。

基于上述智能电网调度系统,还提供了一种智能电网调度方法。在第一方案中,结合图 3.5,具体步骤如下:

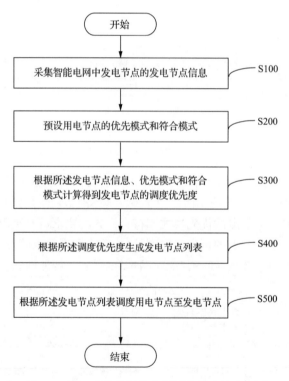

图 3.5　第一方案的智能电网调度方法的流程图

步骤 S100,采集智能电网中发电节点的发电节点信息。

具体地,通过设置在智能电网中各个发电节点的传感器、探测器或其他信号采集设备采集发电节点信息。其中,各个发电节点包括风能、太阳能、生物能、水能、沼气能、地热能或潮汐能等能源发电节点。所采集的发电节点信息包括发电节点的剩余能力,具体地,剩余能力为剩余的发电能力(可以是发电功率等)、剩余的供电能力(可以是内存/存储电能的大小等)、剩余的电网带宽(可以是每秒传输的度数等)以及距离(发电节点至用电节点的距离)等信息。

步骤 S200,预设用电节点的优先模式和符合模式。

具体地,根据用电节点自身的需求,预设用电节点的优先模式和符合模式。该用电节点可以是家庭用户的用电节点、工业生产的用电节点、商业运营的用电节点或充电站的用电节点等。

其中,优先模式,根据用电节点的需求,可以预设对发电节点的发电能力高优先,供电能力强优先,电网带宽快优先或距离短优先等。可以理解,也可以按照具体值或范围值设定优先模式,如发电能力为 100MW 优先,供电能力为 10～20MW 优先,电网带宽为360MW 优先,距离为5～7km 之内优先等。符合模式,根据用电节点的要求,可以预设对发电节点提出符合用电节点的要求。例如,提供用电节点的剩余的供电能力不能够小于10MW,提供用电节点的可用的发电能力不能小于100MW,提供用电节点可用的电网带宽不能小于 360MW,提供的距离不大于 5km。

步骤 S300,根据发电节点信息、优先模式和符合模式计算得到发电节点的调度优先度。

具体地,根据各个发电节点的剩余能力,结合具体的优先模式(如发电能力优先还是供电能力优先等)和符合模式(如可用发电能力不小于 100MW 或用电节点至发电节点的距离不大于 5km 等),并通过比对,计算得到发电节点的调度优先度。

进一步,结合图 3.6,步骤 S300 包括如下步骤:

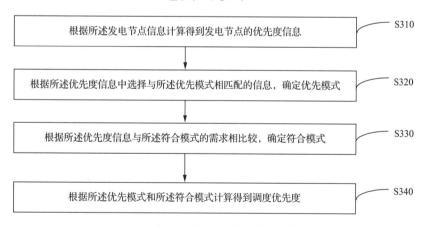

图 3.6 步骤 S300 的具体流程图

步骤 S310,根据发电节点信息计算得到发电节点的优先度信息。

具体地,根据获取到的发电节点信息,通过设定函数 f 进行计算并得到发电节点 i 的优先度信息。

优先度信息包括综合优先度 E_i、发电能力优先度 F_i、供电能力优先度 G_i、电网带宽优先度 H_i、稳定优先度 I_i 等。函数 f 对应的发电节点为 i,综合优先度 $E_i = f(A_i, B_i,$

C_i、D_i)、发电能力优先度 $F_i = f(A_i)$、供电能力优先度 $G_i = f(B_i)$、电网带宽优先度 $H_i = f(C_i)$、稳定优先度 $I_i = f(D_i)$。具体地，

综合优先度：

$$E_i = A_i/A_{\text{all}} + B_i/B_{\text{all}} + C_i/C_{\text{all}} - D_i/D_{\text{all}}$$

发电能力优先度

$$F_i = A_i/A_{\text{all}}$$

供电能力优先度

$$G_i = B_i/B_{\text{all}}$$

电网带宽优先度

$$H_i = C_i/C_{\text{all}}$$

稳定优先度

$$I_i = 1 - (D_i/D_{\text{all}})$$

其中，A_{all} 是发电节点 i 的总发电能力；B_{all} 是发电节点 i 的总供电能力；C_{all} 是发电节点 i 的总电网带宽；$Dall$ 是发电节点 i 所能容忍的最高距离；A_i 为剩余的发电能力；B_i 为剩余的供电能力；C_i 为剩余的电网带宽；D_i 为用电节点至发电节点的距离。

函数 f 需遵循 A_i 越大则 E_i 越大，B_i 越大则 E_i 越大，C_i 越大则 E_i 越大，D_i 越大则 E_i 越小的原则。结合具体的例子，若发电节点 i 的总发电能力 A_{all} 为 500MW，剩余的发电能力 A_i 为 300MW，则发电能力优先度 $F_i = f(A_i) = A_i/A_{\text{all}} = 300\text{MW}/500\text{MW} = 0.6$。可以理解，综合优先度 E_i、发电能力优先度 F_i、供电能力优先度 G_i、电网带宽优先度 H_i 及稳定优先度 I_i 可以通过相同的计算方案计算出具体的数值。

步骤 S320，根据优先度信息中选择与优先模式相匹配的信息，确定优先模式。

具体地，结合优先度信息预设优先模式，该优先模式可以是发电能力优先、供电能力优先或电网带宽优先等。结合具体的例子，选择的优先模式为发电能力优先，则从优先度信息中获取发电能力优先度信息。

步骤 S330，根据优先度信息与符合模式的需求相比较，确定符合模式。

具体地，符合模式的需求可预设为：用电节点对发电节点的能力要求，如提供该用电节点的可用剩余的供电能力不能小于 10MW，提供该用电节点的可用发电能力不能小于 100MW，提供该用电节点的可用电网带宽不能小于 360MW，提供该用电节点至发电节点的距离不大于 5km。

在此，设定函数 h，通过优先度信息与符合模式的需求相比较，确定符合模式。符合模式的函数 $U_i = h(B_i/M, A_i/F, C_i/C, D_i/T) = B_i/M + A_i/F + C_i/C + D_i/T$ 计算获得符合度。其中，M 为符合的供电能力；F 为符合的发电能力；C 为符合的电网带宽；T 为符合的用电节点至发电节点的距离。函数 h 需遵循发电节点 i 的剩余能力越大于其限定值时，U_i 越大，越小于其限定值时，U_i 越小，当发电节点 i 的剩余能力等于其限定值时 $U_i = 1$。结合具体的例子，若 M 符合的供电能力为 100MW，发电节点的 B_i 剩余供电能力为 150MW，则剩余供电能力的符合模式为 $h(B_i/M) = 150\text{MW}/100\text{MW} = 1.5$。可以理

解,采用同样的方法,可以计算发电功率的符合模式 $h(A_i/F)$,可以计算其中某几个关注的符合模式 $h(B_i/M,A_i/F,C_i/C)$,也可以计算综合的符合模式 $U_i = h(B_i/M,A_i/F,C_i/C,D_i/T)$。

步骤 S340,根据优先模式和符合模式计算得到调度优先度。

具体地,可以通过设定函数 w,调度优先度为 $S_i = w($优先模式,符合模式$)$,即可以通过优先模式与符合模式相乘获得调度优先度。结合具体的例子,优先模式为发电能力优先度 F_i,即发电能力优先度 $F_i = f(A_i) = A_i/A_{\mathrm{all}}$;符合模式为发电能力 A_i,即发电能力的符合模式 $U_i = h(A_i/F)$;调度优先度函数为 $S_i = w(F_i,U_i)$,即 $S_i = F_i \times U_i$。其中 $F_i = A_i/A_{\mathrm{all}} = 0.8, U_i = A_i/F = 1.1$,则 $S_i = 0.88$。可以理解,优先模式包括但不限于一种优先模式,同理符合模式也可为多种,其计算方法符合乘法分配率。

步骤 S400,根据调度优先度生成发电节点列表。

具体地,选择调度优先度最大的发电节点,并将该发电节点对应的发电节点地址加入发电节点列表中。进一步的,还可以对发电节点的发电机组或其发电机为单位进行调用,则将发电节点对应的发电机组地址和/或其发电机地址一并加入发电节点列表中,这里的发电机组地址可以是发电机组编号或发电机名,发电机地址也可以发电机编号等,精确地调用发电节点中的发电机组或发电机能够更为高效地利用电能。

进一步,结合图 3.7,步骤 400 包括如下步骤:

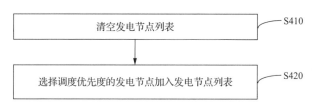

图 3.7　步骤 S400 的具体流程图

步骤 410,清空发电节点列表。

具体地,清空之前发电节点列表的信息,便于重新加入发电节点信息。

步骤 420,选择调度优先度的发电节点加入发电节点列表。

具体地,把确定的发电节点信息加入发电节点列表,如把调度优先度最大值的发电节点加入发电节点列表中,或者是把调度优先度在某一个范围内的值加入发电节点列表中等。

步骤 S500,根据发电节点列表调度用电节点至发电节点。

具体地,根据发电节点列表的信息调度用电节点至发电节点,使智能电网中的发电节点所提供的电能以最高效的方式传输至用电节点,省去了传统电网中先集中后分发电能而不得不损耗的电能,节省了大量的能量,提高了电能的利用率。

同时,所有从发电节点提供的电能都是经过优选模式和符合模式筛选,能真正地为用电节点提供稳定、优质的电能,且是最为符合要求的电能,进一步提高了电能的利用率及稳定性。

在第二方案中,结合图 3.8,与智能电网调度方法的第一方案区别在于,步骤 S400 之后还包括:

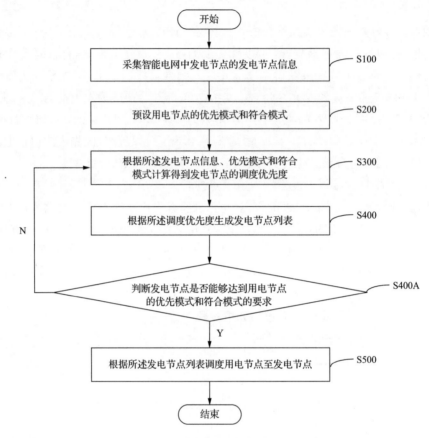

图 3.8　第二方案的智能电网调度方法的流程图

步骤 S400A,判断发电节点是否能够达到用电节点的优先模式和符合模式的要求,是,则进入步骤 S500;否,则返回步骤 S300。重新计算发电节点的剩余能力,寻找符合调度要求的发电节点,并把最佳的发电节点电能提供给用电节点。

在第三方案中,结合图 3.9,与智能电网调度方法的第一方案区别在于,步骤 S400 之后还包括:

S400B,判断发电节点是否能够达到用电节点的优先模式和符合模式的要求,是,则进入步骤 S500;否,则进入步骤 S600:调度主干电网至用电节点。把智能电网与主干网融合在一起,在智能电网的发电节点无法满足用电节点的情况下,主干网能够做到有力的补充,使用电节点能正常、稳定运行。

在第四方案中,与智能电网调度方法的第一方案区别在于,步骤 S300 还进一步的周期循环(如每隔 1h 或 10h 等)计算发电节点的调度优先度,并把最佳的发电节点电能提供给用电节点。

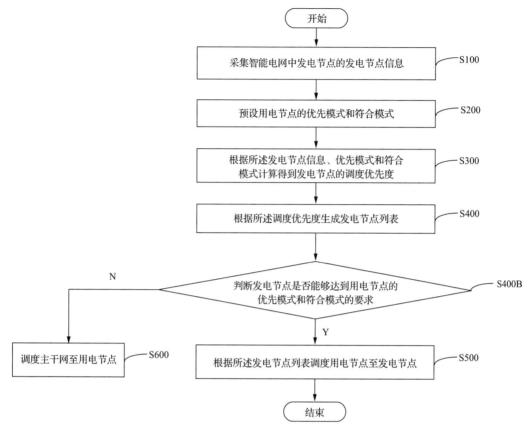

图 3.9 第三方案的智能电网调度方法的流程图

3.2 云计算服务的调度

一种多云之间的云服务调度方法包括：接收各云发送的注册信息，所述注册信息包含云具有的服务的服务信息；根据所述注册信息建立云之间相互匹配的服务的对应关系；接收云发送的云服务请求；查找具有与所述云服务请求中所请求的服务相匹配的服务的云，得到相匹配的云；将所述云服务请求调度到所述相匹配的云。此外，还提供一种多云之间的云服务调度系统。上述多云之间的云服务调度方法和系统，预先根据各云发送的注册信息建立云之间具有的相互匹配的服务的对应关系，当接收到某云发送的云服务请求时，则可将该云服务请求调度到可提供匹配的云服务的云，从而可协调不同的云共同合作完成云服务，提高云之间的资源共享率，从而提高网络资源利用率。

3.2.1 现有云服务调度技术的不足

云是网络、互联网的一种比喻说法。云计算（cloud computing）是一种基于云的计算方式，通过这种方式，共享的软硬件资源和信息可以按需提供给计算机和其他设备。用户不再需要了解"云"中基础设施的细节，不必具有相应的专业知识，也无需直接进行控制。

云计算系统提供的网络业务或服务可称为云服务。云计算系统也可简称为云。

现有技术中不同的云计算系统的管理机制不同,相互之间无法共享资源并合作完成任务,造成网络资源的浪费。

3.2.2　多云服务调度的原理

一种多云之间的云服务调度方法,包括:

接收各云发送的注册信息,所述注册信息包含云具有的服务的服务信息;

根据所述注册信息建立云之间相互匹配的服务的对应关系;

接收云发送的云服务请求;

查找具有与所述云服务请求中所请求的服务相匹配的服务的云,得到相匹配的云;

将所述云服务请求调度到所述相匹配的云。

在其中一个方案中,所述服务信息包括服务功能内容信息;所述根据所述注册信息建立云之间相互匹配的服务的对应关系的步骤包括:

为云分配云 ID,并为云具有的各项服务分配服务 ID,建立云 ID 与服务 ID 的对应关系以及服务 ID 与服务信息的对应关系;

将各云之间具有的服务功能内容信息进行对比,获取相互匹配的服务功能内容信息,建立相互匹配的服务功能内容信息对应的服务 ID 之间的对应关系,得到相互匹配的服务 ID 之间的对应关系。

在其中一个方案中,所述云服务请求中包含请求的服务信息;

所述查找具有与云服务请求中所请求的服务相匹配的服务的云的步骤包括:

查找所述请求的服务信息对应的服务 ID,在所述相互匹配的服务 ID 之间的对应关系中查找与该服务 ID 相匹配的服务 ID,并在所述云 ID 与服务 ID 的对应关系中查找所述相匹配的服务 ID 对应的云 ID,得到相匹配的云 ID。

在其中一个方案中,所述云服务请求中还包含请求的服务实例数量;所述注册信息还包括云通信地址;所述方法还包括步骤:建立云 ID 与云通信地址的对应关系;

所述将云服务请求调度到所述相匹配的云的步骤包括:

查找所述相匹配的云 ID 对应的云通信地址,并查找所述相匹配的服务 ID 对应的服务信息;

根据查找到的云通信地址向所述相匹配的云发送启动服务的指令,所述指令中包含查找到的服务信息,并包含所述云服务请求中包含的服务实例数量。

在其中一个方案中,所述方法还包括步骤:

接收所述查找到云发送的处理结果数据;

将所述处理结果数据返回给发起所述云服务请求的云。

一种多云之间的云服务调度系统,包括:

接收模块,用于接收各云发送的注册信息,所述注册信息包含云具有的服务的服务信息;

匹配服务信息构建模块,用于根据所述注册信息建立云之间相互匹配的服务的对应关系;

所述接收模块还用于接收云发送的云服务请求；

匹配云查找模块，用于查找具有与所述云服务请求中所请求的服务相匹配的服务的云，得到相匹配的云；

服务请求调度模块，用于将所述云服务请求调度到所述相匹配的云。

在其中一个方案中，所述服务信息包括服务功能内容信息；所述匹配服务信息构建模块包括：

标识分配模块，用于为云分配云 ID，并为云具有的各项服务分配服务 ID；

对应关系建立模块，用于建立云 ID 与服务 ID 的对应关系以及服务 ID 与服务信息的对应关系；

功能内容匹配模块，用于将各云之间具有的服务功能内容信息进行对比，获取相互匹配的服务功能内容信息；

所述对应关系建立模块还用于建立相互匹配的服务功能内容信息对应的服务 ID 之间的对应关系，得到相互匹配的服务 ID 之间的对应关系。

在其中一个方案中，所述云服务请求中包含请求的服务信息；所述匹配云查找模块用于查找所述请求的服务信息对应的服务 ID，在所述相互匹配的服务 ID 之间的对应关系中查找与该服务 ID 相匹配的服务 ID，并在所述云 ID 与服务 ID 的对应关系中查找所述相匹配的服务 ID 对应的云 ID，得到相匹配的云 ID。

在其中一个方案中，所述云服务请求中还包含请求的服务实例数量；所述注册信息还包括云通信地址；所述对应关系建立模块还用于建立云 ID 与云通信地址的对应关系；所述服务请求调度模块包括：

查找模块，用于查找所述相匹配的云 ID 对应的云通信地址，并查找所述相匹配的服务 ID 对应的服务信息；

指令调度模块，用于根据查找到的云通信地址向所述相匹配的云发送启动服务的指令，所述指令中包含查找到的服务信息，并包含所述云服务请求中包含的服务实例数量。

在其中一个方案中，所述接收模块还用于接收所述查找到云发送的处理结果数据；所述系统还包括处理结果调度模块，用于将所述处理结果数据返回给发起所述云服务请求的云。

上述多云之间的云服务调度方法和系统，预先根据各云发送的注册信息建立云之间具有的相互匹配的服务的对应关系，当接收到某云发送的云服务请求时，则将该云服务请求调度到可提供匹配的云服务的云，从而可协调不同的云共同合作完成云服务，提高云之间的资源共享率，从而提高网络资源利用率。

3.2.3　多云服务调度的方法

如图 3.10 所示，在一个方案中，一种多云之间的云服务调度方法，包括以下步骤：

步骤 S101，接收各云发送的注册信息，注册信息包含云具有的服务的服务信息。

步骤 S102，根据注册信息建立云之间相互匹配的服务的对应关系。即若第一云的第一服务与第二云的第二服务相互匹配，则建立第一服务与第二服务的对应关系。

在一个方案中，服务信息包括服务功能内容信息；步骤 S102 包括以下步骤：为云分配

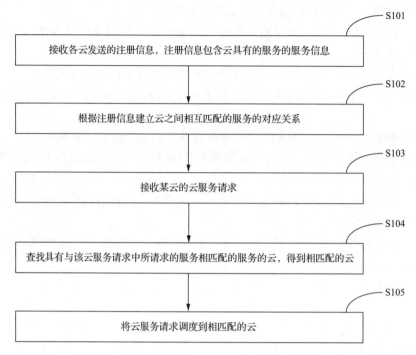

图 3.10　一个方案中的多云之间的云服务调度方法的流程示意图

云 ID,并为云具有的各项服务分配服务 ID,建立云 ID 与服务 ID 的对应关系以及服务 ID 与服务信息的对应关系;进一步的,将各云之间具有的服务功能内容信息进行对比,获取相互匹配的服务功能内容信息,建立相互匹配的服务功能内容信息对应的服务 ID 之间的对应关系,得到相互匹配的服务 ID 之间的对应关系。

　　在一个方案中,可将两个进行对比的服务功能内容信息进行分词,比较两个服务功能内容信息是否存在相同词语,获取两个服务功能内容信息的词语相同率,若词语相同率达到预设值,则判定两个服务功能内容信息相互匹配。

　　步骤 S103,接收某云发送的云服务请求。

　　步骤 S104,查找具有与该云服务请求中所请求的服务相匹配的服务的云,得到相匹配的云。

　　在一个方案中,云服务请求中包含请求的服务信息;步骤 S104 包括以下步骤:查找请求的服务信息对应的服务 ID,在上述建立的相互匹配的服务 ID 之间的对应关系中查找与该服务 ID 相匹配的服务 ID,并在上述建立的云 ID 与服务 ID 的对应关系中查找该相匹配的服务 ID 对应的云 ID,得到相匹配的云 ID。

　　在一个方案中,上述多云之间的云服务调度方法还包括步骤:接收云发送的可启动服务实例数量信息,可启动服务实例数量信息包括服务信息与该服务信息对应的服务实例数量组成的数对;记录服务信息对应的服务 ID 与该服务信息对应的服务实例数量之间的对应关系。

　　步骤 S104 在上述建立的相互匹配的服务 ID 之间的对应关系中查找与该服务 ID 相匹配的服务 ID 之后,选取查找到的相匹配的服务 ID 中服务实例数量最大的服务 ID 作为相匹配的服务 ID,判断该相匹配的服务 ID 对应的服务实例数量是否大于等于请求的服务实例数量,若是,则进入在上述建立的云 ID 与服务 ID 的对应关系中查找所述相匹配的服务 ID 对应的云 ID 的步骤,若否,则向发起云服务请求的云返回请求失败的信息。

步骤 S105,将云服务请求调度到相匹配的云。

在一个方案中,云服务请求中还包含请求的服务实例数量;上述注册信息还包括云通信地址;上述多云之间的云服务调度方法还包括步骤:建立云 ID 与云通信地址的对应关系。

步骤 S105 包括以下步骤:查找上述相匹配的云 ID 对应的云通信地址,并查找该相匹配的服务 ID 对应的服务信息;根据查找到的云通信地址向上述相匹配的云发送启动服务的指令,该指令中包含查找到的服务信息,并包含云服务请求中包含的服务实例数量。

在一个方案中,服务信息还包括服务的输入数据格式;步骤 S102 还包括:将相互匹配的服务功能内容信息对应的输入数据格式之间进行对比,若两个输入数据格式不同,则获取将两个输入数据格式转化成相同格式的输入转化函数的地址;建立相互匹配的服务功能内容信息对应的服务 ID、输入转化函数的地址的对应关系。

云服务请求还包括请求处理的数据。

步骤 S105 还包括以下步骤:判断请求的服务信息对应的服务 ID 与上述相匹配的服务 ID 是否存在对应的输入转化函数的地址,若否,则根据上述查找到的云通信地址向上述相匹配的云发送请求处理的数据,若是,则根据对应的输入转化函数的地址调用函数,将请求处理的数据进行转化,根据上述查找到的云通信地址向上述相匹配的云发送转化后的请求处理的数据。

在一个方案中,服务信息还包括服务的输出数据格式;步骤 S102 还包括以下步骤:将相互匹配的服务功能内容信息对应的输出数据格式之间进行对比,若两个输出数据格式不同,则获取将两个输出数据格式转化成相同格式的输出转化函数的地址;建立相互匹配的服务功能内容信息对应的服务 ID、输出转化函数的地址的对应关系。

上述多云之间的云服务调度方法还包括以下步骤:接收所述查找到云发送的处理结果数据;将处理结果数据返回给发起云服务请求的云。在一个方案中,将处理结果数据返回给发起所述云服务请求的云的步骤包括以下步骤:判断请求的服务信息对应的服务 ID 与上述相匹配的服务 ID 是否存在对应的输出转化函数的地址,若否,向发起云服务请求的云发送处理结果数据,若是,则根据对应的输出转化函数的地址调用函数,将处理结果数据进行转化,向发起云服务请求的云发送转化后的处理结果数据。

上述多云之间的云服务调度方法中包括的步骤可由云中心管理节点来执行。

在一个方案中,一种多云之间的云服务调度方法,包括以下步骤:

(1)云中心管理节点接收各云发送的注册信息,注册信息包含云具有的服务的服务信息和云通信地址;服务信息包括服务功能内容信息、服务的输入数据格式和服务的输出数据格式。

(2)云中心管理节点为云分配云 ID,并为云具有的各项服务分配服务 ID,建立云 ID 与服务 ID 的对应关系以及服务 ID 与服务信息的对应关系,并建立云 ID 与云通信地址的对应关系。

（3）云中心管理节点将各云之间具有的服务功能内容信息进行对比，获取相互匹配的服务功能内容信息，建立相互匹配的服务功能内容信息对应的服务 ID 之间的对应关系，得到相互匹配的服务 ID 之间的对应关系。

（4）云中心管理节点将相互匹配的服务功能内容信息对应的输入数据格式之间进行对比，若两个输入数据格式不同，则获取将两个输入数据格式转化成相同格式的输入转化函数的地址；建立相互匹配的服务功能内容信息对应的服务 ID、输入转化函数的地址的对应关系。

将相互匹配的服务功能内容信息对应的输出数据格式之间进行对比，若两个输出数据格式不同，则获取将两个输出数据格式转化成相同格式的输出转化函数的地址；建立相互匹配的服务功能内容信息对应的服务 ID、输出转化函数的地址的对应关系。

在一个方案中，可建立相互匹配的服务功能内容信息对应的服务 ID、输入转化函数的地址和输出转化函数的地址的对应关系。例如，S_i 和 S_j 为相互匹配的服务 ID，S_i 对应的输入数据格式和 S_j 对应的输入数据格式之间的输入转化函数的地址为 Adress1，S_i 对应的输出数据格式和 S_j 对应的输出数据格式之间的输出转化函数的地址为 Adress2，则可建立 S_i、S_j、Adress1 和 Adress2 的对应关系，将 S_i、S_j、Adress1 和 Adress2 对应存储到数据表中。

（5）云中心管理节点接收云发送的可启动服务实例数量信息，可启动服务实例数量信息包括服务信息与该服务信息对应的服务实例数量组成的数对；云中心管理节点记录服务信息对应的服务 ID 与该服务信息对应的服务实例数量之间的对应关系。

（6）云中心管理节点接收云发送的云服务请求；云服务请求中包含请求的服务信息、请求的服务实例数量和请求处理的数据。

（7）云中心管理节点查找请求的服务信息对应的服务 ID，在上述建立的相互匹配的服务 ID 之间的对应关系中查找与该服务 ID 相匹配的服务 ID，选取查找到的相匹配的服务 ID 中服务实例数量最大的服务 ID 作为相匹配的服务 ID，判断该相匹配的服务 ID 对应的服务实例数量是否大于等于请求的服务实例数量，若是，在上述建立的云 ID 与服务 ID 的对应关系中查找该相匹配的服务 ID 对应的云 ID，得到相匹配的云 ID，若否，则向发起云服务请求的云返回请求失败的信息，并结束。

（8）云中心管理节点查找上述相匹配的云 ID 对应的云通信地址，并查找该相匹配的服务 ID 对应的服务信息；根据查找到的云通信地址向上述相匹配的云发送启动服务的指令，该指令中包含查找到的服务信息，并包含云服务请求中包含的服务实例数量。

（9）云中心管理节点判断请求的服务信息对应的服务 ID 与上述相匹配的服务 ID 是否存在对应的输入转化函数的地址，若否，则根据上述查找到的云通信地址向上述相匹配的云发送请求处理的数据，若是，则根据对应的输入转化函数的地址调用函数，将请求处理的数据进行转化，根据上述查找到的云通信地址向所述相匹配的云发送转化后的请求处理的数据。

（10）云根据启动服务的指令启动相应数量的服务实例，对上述请求处理的数据进行处理，并向云中心管理节点返回处理结果数据。

（11）云中心管理节点接收上述查找到云发送的处理结果数据；判断请求的服务信息

对应的服务 ID 与上述相匹配的服务 ID 是否存在对应的输出转化函数的地址,若否,向发起云服务请求的云发送处理结果数据,若是,则根据对应的输出转化函数的地址调用函数,将处理结果数据进行转化,向发起云服务请求的云发送转化后的处理结果数据。

如图 3.11 所示,在一个方案中,一种多云之间的云服务调度系统,包括接收模块 10、匹配服务信息构建模块 20、匹配云查找模块 30 和服务请求调度模块 40。其中:

图 3.11 一个方案中的多云之间的云服务调度系统的结构示意图

接收模块 10 用于接收各云发送的注册信息,注册信息包含云具有的服务的服务信息。

匹配服务信息构建模块 20 用于根据注册信息建立云之间相互匹配的服务的对应关系。即若第一云的第一服务与第二云的第二服务相互匹配,则匹配服务信息构建模块 20 建立第一服务与第二服务的对应关系。

在一个方案中,服务信息包括服务功能内容信息。如图 3.12 所示,匹配服务信息构建模块 20 包括标识分配模块 210、对应关系建立模块 220 和功能内容匹配模块 230。其中:

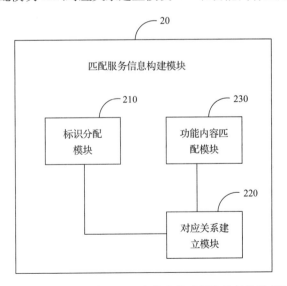

图 3.12 一个方案中匹配服务信息构建模块的结构示意图

标识分配模块 210 用于为云分配云 ID,并为云具有的各项服务分配服务 ID。

对应关系建立模块 220 用于建立云 ID 与服务 ID 的对应关系以及服务 ID 与服务信

息的对应关系。

功能内容匹配模块 230 用于将各云之间具有的服务功能内容信息进行对比,获取相互匹配的服务功能内容信息。

在一个方案中,功能内容匹配模块 230 可将两个进行对比的服务功能内容信息进行分词,比较两个服务功能内容信息是否存在相同词语,获取两个服务功能内容信息的词语相同率,若词语相同率达到预设值,则判定两个服务功能内容信息相互匹配。

对应关系建立模块 220 还用于建立相互匹配的服务功能内容信息对应的服务 ID 之间的对应关系,得到相互匹配的服务 ID 之间的对应关系。

接收模块 10 还用于接收某云发送的云服务请求。

匹配云查找模块 30 用于查找具有与该云服务请求中所请求的服务相匹配的服务的云,得到相匹配的云。

在一个方案中,云服务请求中包含请求的服务信息;匹配云查找模块 30 查找请求的服务信息对应的服务 ID,在上述建立的相互匹配的服务 ID 之间的对应关系中查找与该服务 ID 相匹配的服务 ID,并在上述建立的云 ID 与服务 ID 的对应关系中查找该相匹配的服务 ID 对应的云 ID,得到相匹配的云 ID。

在一个方案中,接收模块 10 还用于接收云发送的可启动服务实例数量信息,可启动服务实例数量信息包括服务信息与该服务信息对应的服务实例数量组成的数对;对应关系建立模块 220 还用于记录服务信息对应的服务 ID 与该服务信息对应的服务实例数量之间的对应关系。

本方案中,匹配云查找模块 30 用于在上述建立的相互匹配的服务 ID 之间的对应关系中查找与该服务 ID 相匹配的服务 ID 之后,选取查找到相匹配的服务 ID 中服务实例数量最大的服务 ID 作为相匹配的服务 ID,判断该相匹配的服务 ID 对应的服务实例数量是否大于等于请求的服务实例数量,若是,则执行在上述建立的云 ID 与服务 ID 的对应关系中查找所述相匹配的服务 ID 对应的云 ID 的步骤,若否,则向发起云服务请求的云返回请求失败的信息。

服务请求调度模块 40 用于将云服务请求调度到相匹配的云。

在一个方案中,云服务请求中还包含请求的服务实例数量;上述注册信息还包括云通信地址;对应关系建立模块 220 还用于建立云 ID 与云通信地址的对应关系。

如图 3.13 所示,服务请求调度模块 40 包括查找模块 410 和指令调度模块 420。其中:

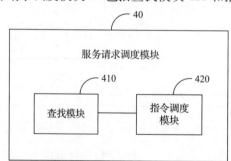

图 3.13　一个方案中服务请求调度模块的结构示意图

查找模块 410 用于查找上述相匹配的云 ID 对应的云通信地址,并查找该相匹配的服务 ID 对应的服务信息。

指令调度模块 420 用于根据查找到的云通信地址向上述相匹配的云发送启动服务的指令,该指令中包含查找到的服务信息,并包含云服务请求中包含的服务实例数量。

在一个方案中,服务信息还包括服务的输入数据格式;如图 3.14 所示,匹配服务信息构建模块 20 还包括数据格式匹配模块 240 和转化函数获取模块 250。其中:数据格式匹配模块 240 用于将相互匹配的服务功能内容信息对应的输入数据格式之间进行对比。转化函数获取模块 250 用于若两个输入数据格式不同,则获取将两个输入数据格式转化成相同格式的输入转化函数的地址。对应关系建立模块 220 还用于建立相互匹配的服务功能内容信息对应的服务 ID、输入转化函数的地址的对应关系。

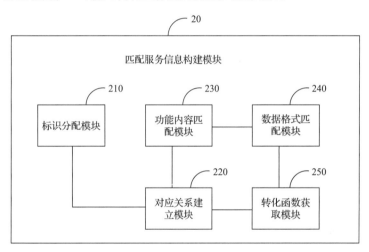

图 3.14　另一方案中匹配服务信息构建模块的结构示意图

云服务请求还包括请求处理的数据。

如图 3.15 所示,服务请求调度模块 40 还包括输入数据调度模块 430,用于判断请求的服务信息对应的服务 ID 与上述相匹配的服务 ID 是否存在对应的输入转化函数的地址,若否,则根据上述查找到的云通信地址向上述相匹配的云发送请求处理的数据,若是,则根据对应的输入转化函数的地址调用函数,将请求处理的数据进行转化,根据上述查找到的云通信地址向上述相匹配的云发送转化后的请求处理的数据。

在一个方案中,服务信息还包括服务的输出数据格式;数据格式匹配模块 240 还用于将相互匹配的服务功能内容信息对应的输出数据格式之间进行对比。转化函数获取模块 250 还用于若两个输出数据格式不同,则获取将两个输出数据格式转化成相同格式的输出转化函数的地址。对应关系建立模块 220 还用于建立相互匹配的服务功能内容信息对应的服务 ID、输出转化函数的地址的对应关系。

接收模块 10 还用于接收查找到云发送的处理结果数据;上述多云之间的云服务调度系统还包括处理结果调度模块(图中未示出),用于将处理结果数据返回给发起云服务请求的云。在一个方案中,处理结果调度模块用于判断请求的服务信息对应的服务 ID 与上述相匹配的服务 ID 是否存在对应的输出转化函数的地址,若否,向发起云服务请求的云

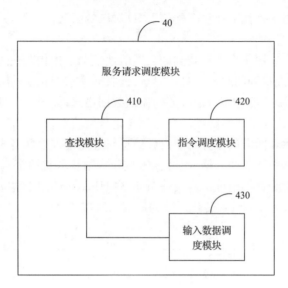

图 3.15　另一方案中服务请求调度模块的结构示意图

发送处理结果数据,若是,则根据对应的输出转化函数的地址调用函数,将处理结果数据进行转化,向发起云服务请求的云发送转化后的处理结果数据。

上述多云之间的云服务调度方法和系统,预先根据各云发送的注册信息建立云之间具有的相互匹配的服务的对应关系,当接收到某云发送的云服务请求时,则可将该云服务请求调度到可提供匹配的云服务的云,从而可协调不同的云共同合作完成云服务,提高云之间的资源共享率,从而提高网络资源利用率。

3.3　结构化与非结构化数据库

本方法提供了一种云数据融合方法和系统。所述方法包括:读取非结构化云数据;对所述非结构化云数据进行并行处理,并输出处理结果;将所述处理结果进行转换得到结构化云数据,并存储。所述系统包括:读取模块,用于读取非结构化云数据;并行处理模块,用于对所述非结构化云数据进行并行处理,并输出处理结果;转换模块,用于将所述处理结果进行转换得到结构化云数据,并存储。采用本方法能节省数据查询所耗费的时间。

3.3.1　现有数据库技术的不足

随着大型数据处理的迅猛发展,云计算的应用越来越普遍,而应用云计算所实现的各种云数据处理和云数据查询也成为云计算系统的主要任务。云计算中大都采用非结构化数据库,以易于划分和合并云数据,进而满足云计算中的分布式并行处理需求。

然而,由于云计算所采用的是非结构化数据库,因此,将数据存入时是不存在结构化的,进而造成云计算过程中的云数据查询需要耗费非常多的时间。

3.3.2　结构化与非结构化数据库融合的原理

一种云数据融合方法,包括如下步骤:

读取非结构化云数据；

对所述非结构化云数据进行并行处理，并输出处理结果；

将所述处理结果进行转换得到结构化云数据，并存储。

在其中一个方案中，所述读取非结构化云数据的步骤包括：

对非结构化数据库进行数据读取，得到非结构化云数据。

在其中一个方案中，所述将所述处理结果进行转换得到结构化云数据，并存储的步骤之前还包括：

将所述处理结果存入所述非结构化数据库的步骤。

在其中一个方案中，所述将所述处理结果进行转换得到结构化云数据，并存储的步骤包括：

获取所述处理结果即将存入的结构化数据库的列所对应的数据类型；

将所述处理结果转换为所述获取得到的数据类型；

将所述转换得到的处理结果写入结构化数据库。

在其中一个方案中，所述将所述处理结果进行转换得到结构化云数据，并存储的步骤之后还包括：

获取所述处理结果的查询请求，根据所述查询请求在所述结构化云数据中进行查询得到处理结果。

一种云数据融合系统，包括：

读取模块，用于读取非结构化云数据；

并行处理模块，用于对所述非结构化云数据进行并行处理，并输出处理结果；

转换模块，用于将所述处理结果进行转换得到结构化云数据，并存储。

在其中一个方案中，所述读取模块还用于对非结构化云数据库进行数据读取，得到非结构化云数据。

在其中一个方案中，所述系统还包括：

非结构化数据库，用于存入处理结果。

在其中一个方案中，所述转换模块包括：

类型获取单元，用于获取所述处理结果即将存入的结构化数据库的列所对应的数据类型；

类型转换单元，用于将所述处理结果转换为所述获取得到的数据类型；

结构化数据库，用于写入所述转换得到的处理结果。

在其中一个方案中，所述系统还包括：

查询模块，用于获取所述处理结果的查询请求，根据所述查询请求在所述结构化云数据中进行查询得到处理结果。

上述云数据融合方法和系统中，将读取的非结构化云数据进行并行处理，得到处理结果，对该处理结果进行转换，使得处理结果由非结构化云数据变换为结构化云数据并存储，由于处理结果是以结构化云数据的形式存储的，因此，将使得处理结构能够适应频繁的查询，并节省查询所耗费的时间。

3.3.3　结构化与非结构化数据库融合的方法

如图 3.16 所示,在一个方案中,一种云数据融合方法,包括如下步骤:

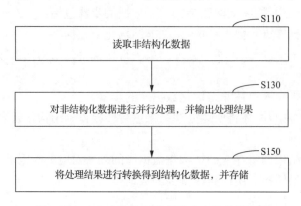

图 3.16　一个方案中云数据融合方法的流程图

步骤 S110,读取非结构化云数据。

本方案中,云数据是应用于云计算中的各种数据,非结构化云数据是不方便使用二维逻辑表实现的数据,可包括所有格式的办公文档、文本、图片、XML、HTML、各类报表、图像和音频/视频信息等。预先存储了各种用于实现各种业务逻辑的非结构化云数据,以供后续的处理过程中使用。

在一个方案中,上述步骤 S110 的具体过程为:对非结构化数据库进行数据读取,得到非结构化云数据。

本方案中,预先设置了非结构化数据库,用于写入各种非结构化云数据,进行非结构化云数据的存储。在非结构化数据库进行数据读取,以得到所需要的非结构化云数据。

步骤 S130,对非结构化云数据进行并行处理,并输出处理结果。

本方案中,将读取到的非结构化云数据进行并行处理,以实现当前所触发的业务逻辑,得到处理结果并输出。非结构化云数据的并行处理是通过云计算实现的,由于非结构化云数据易于划分和合并,因此,适宜通过云计算实现分布式并行处理,以提高处理效率。

步骤 S150,将处理结果进行转换得到结构化云数据,并存储。

本方案中,对处理结果进行转换,以使得作为非结构化云数据的处理结果转换为结构化云数据,进而实现数据类型的自动转换,并存储已经成为结构化云数据的处理结果。

在一个方案中,上述步骤 S150 之前还包括:将处理结果存入非结构化数据库的步骤。

本方案中,在对作为非结构化云数据的处理结果进行转换之前,将对该处理结果存入非结构化云数据中,以实现处理结果的备份,进而保障数据安全。

如图 3.17 所示,在一个方案中,上述步骤 S150 包括如下步骤:

步骤 S151,获取处理结果即将存入的结构化数据库的列所对应的数据类型。

本方案中,非结构化云数据的转换是逐列进行的,因此,需要获取处理结果在结构化数据库中即将存入的列,进而得到该列所对应的数据类型,例如,数据类型可以是整数类型、日期类型等。

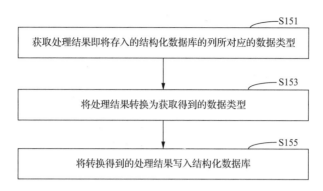

图 3.17　将处理结果进行转换得到结构化云数据并存储的方法流程图

步骤 S153,将处理结果转换为获取得到的数据类型。

本方案中,逐列对非结构化云数据,即处理结果进行转换,以得到与获取得到的数据类型相符的结构化云数据,并将结构化云数据写处结构化数据库所对应的列中。

在另一个方案中,上述步骤 S151 之前还包括:对存入非结构数据库的处理结果逐列进行判断,判断当前所在的列是否存在数据,若是,则进入步骤 S151,若否,则将结构化数据库所对应的列设置为空。

本方案中,逐列对非结构化云数据进行转换和存储,以保证结构化数据库是与非结构化数据库相对应的,进而保证了数据的有序存储。

步骤 S155,将转换得到的处理结果写入结构化数据库。

本方案中,根据获取到的处理结果即将存入的结构化数据库的列,将转换得到的处理结果写入结构化数据库。

在另一个方案中,上述步骤 S150 之后还包括:获取处理结果的查询请求,根据查询请求在结构化云数据中进行查询得到处理结果。

本方案中,获取对处理结构的查询请求,根据查询请求在结构化数据库中对存储的结构化云数据进行查询,此时,结构化数据库所存储的数据为进行了并行处理之后所得到的处理结果,由于该处理结果是结构化的,因此可快速地完成数据的查询,进而提高查询效率。

上述云数据融合方法将被应用于云计算中,并通过非结构化数据库和结构化数据库实现云数据融合,进而在非结构化云数据和结构化云数据的取长补短之下实现云计算中的分布式并行处理和快速查询。

如图 3.18 所示,在一个方案中,一种云数据融合系统,包括读取模块 110、并行处理模块 130 和转换模块 150。

图 3.18　一个方案中云数据融合系统的结构示意图

读取模块 110,用于读取非结构化云数据。

本方案中,非结构化云数据是不方便使用二维逻辑表实现的数据,可包括所有格式的办公文档、文本、图片、XML、HTML、各类报表、图像和音频/视频信息等。预先存储了各种用于实现各种业务逻辑的非结构化云数据,以供后续的处理过程中使用。

在一个方案中,上述读取模块 110 还用于对非结构化数据库进行数据读取,得到非结构化云数据。

本方案中,预先设置了非结构化数据库,用于写入各种非结构化云数据,进行非结构化云数据的存储。读取模块 110 在非结构化数据库进行数据读取,以得到所需要的非结构化云数据。

并行处理模块 130,用于对非结构化云数据进行并行处理,并输出处理结果。

本方案中,并行处理模块 130 将读取到的非结构化云数据进行并行处理,以实现当前所触发的业务逻辑,得到处理结果并输出。非结构化云数据的并行处理是通过云计算实现的,由于非结构化云数据易于划分和合并,因此,适宜通过云计算实现分布式并行处理,以提高处理效率。

转换模块 150,用于将处理结果进行转换得到结构化云数据,并存储。

本方案中,转换模块 150 对处理结果进行转换,以使得作为非结构化云数据的处理结果转换为结构化云数据,进而实现数据类型的自动转换,并存储已经成为结构化云数据的处理结果。

在一个方案中,上述云数据融合系统还包括非结构化数据库,该非结构化数据库用于存入处理结果。

本方案中,在对作为非结构化云数据的处理结果进行转换之前,将对该处理结果存入非结构化云数据中,以实现处理结果的备份,进而保障数据安全。

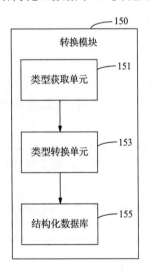

图 3.19 转换模块的结构示意图

如图 3.19 所示,在一个方案中,上述转换模块 150 包括类型获取单元 151、类型转换单元 153 和结构化数据库 155。

类型获取单元 151,用于获取处理结果即将存入的结构化数据库的列所对应的数据类型。

本方案中,非结构化云数据的转换是逐列进行的,因此,需要类型获取单元 151 获取处理结果在结构化数据库中即将存入的列,进而得到该列所对应的数据类型,例如,数据类型可以是整数类型、日期类型等。

类型转换单元 153,用于将处理结果转换为获取得到的数据类型。

本方案中,类型转换单元 153 逐列对非结构化云数据,即处理结果进行转换,以得到与获取得到的数据类型相符的结构化云数据,并将结构化云数据写处结构化数据库所对应的列中。

在另一个方案中,上述转换模块 150 还包括判断单元,该判断单元用于对存入非结构数据库的处理结果逐列进行判断,判断当前所在的列是否存在数据,若是,则通知类型获取单元 151,若否,则将结构化数据库所对应的列设置为空。

本方案中,逐列对非结构化云数据进行转换和存储,以保证结构化数据库是与非结构化数据库相对应的,进而保证了数据的有序存储。

结构化数据库 155,用于写入转换得到的处理结果。

本方案中,根据获取到的处理结果即将存入的结构化数据库的列,将转换得到的处理结果写入结构化数据库。

在另一个方案中,上述云数据融合系统还包括查询模块,该查询模块用于获取处理结果的查询请求,根据查询请求在结构化云数据中进行查询得到处理结果。

本方案中,查询模块获取对处理结构的查询请求,根据查询请求在结构化数据库中对存储的结构化云数据进行查询,此时,结构化数据库所存储的数据为进行了并行处理之后所得到的处理结果,由于该处理结果是结构化的,因此可快速地完成数据的查询,进而提高查询效率。

上述云数据融合系统将被应用于云计算中,并通过非结构化云数据库和结构化数据库实现云数据融合,进而在非结构化云数据和结构化云数据的取长补短之下实现云计算中的分布式并行处理和快速查询。

上述云数据融合方法和系统中,将读取的非结构化云数据进行并行处理,得到处理结果,对该处理结果进行转换,使得处理结果由非结构化云数据变换为结构化云数据并存储,由于处理结果是以结构化云数据的形式存储的,因此,将使得处理结构能够适应频繁的查询,并节省查询所耗费的时间。

第4章　先验大数据智慧计算原理与方法

先验大数据智慧计算原理与方法,使得先验结果可以降解全大数据处理的难度。正是利用了先验大数据智慧计算原理与方法,才使得事先后台的仿真结果可以用于实时突发事件的仿真(4.1节);才使得对各作者的文学作品的统计可以用于鉴别文学作品的作者(4.2节)。

4.1　实　时　仿　真

本方法揭示了一种基于仿真知识库的自动实时仿真及其并行化方法,包括:收集整理预备事件,归类并将其加入预备事件库;收集整理现有仿真技术仿真规则,归类并加入仿真规则库;调用该仿真规则对预备事件进行仿真,将其结果归类加入仿真结果库,将该预备事件与其相应的预期结果建立映射关系;现实事件发生时,检索匹配的预备事件,根据所述映射关系,找到预期结果,并将其作为所述现实事件的实时仿真结果输出;当结果不理想,则当时或事后,将该事件作为预备事件加入所述预备事件库,并将所述预备事件及其预期结果扩充到所述仿真知识库中,以便下次类似事件实现自动实时仿真。本方法满足了实时性高的要求,且精度高,不易造成作出错误的决策或结论。

4.1.1　现有实时仿真技术的不足

仿真技术是一门多学科的综合性技术,它以控制论、系统论、相似原理和信息技术为基础,以计算机和专用设备为工具,利用系统模型对实际的或设想的系统进行动态试验。

建模和仿真是人类处理实际问题的有效方法,它和人类历史同时存在。人们总是用"精神模型"去更好地了解实际,去做计划,去考虑各种可能性,去与其他人交换思想,去制订某些想法的行动计划,或去证实某些不能实现的想法。

甚至几千年前,人们制造船舶和机械设备时,也是先用一个小的船舶或机械设备的模型进行试验。儿童的玩具总是离不开真实世界的仿真,这些玩具通常是人、动物、物体和交通工具的模型。这里所说的船舶、机械设备、儿童玩具的模型,即所谓物理模型。物理模型是与被仿真对象几何相似的实物。数学模型就是对物理模型的数学描写。

精神模型、物理模型、数学模型,概括了仿真中的所有模型。精神模型仅仅是一个思维过程,在很大程度上并不严密,它只能给出一个粗略的定性结论。在做仿真研究时,总是要把精神模型转化成物理模型或数学模型,即大脑中想象的船、卡车等用实物或数学方程来表达。这即是所要研究的建模过程。利用物理模型进行仿真,称为物理仿真。物理仿真的理论基础是相似理论,其必要条件是几何相似。利用数学模型进行仿真,称为数学仿真。数学仿真实质上就是对该数学模型求解。如果用计算机来求解,就称为计算机仿真。

现在许多应用程序都利用知识,其中有的还达到了很高的水平,但是,这些应用程序可能并不是基于知识的系统,它们也不拥有知识库。一般应用程序与基于知识系统之间的区别在于:一般应用程序将问题求解的知识隐含编码在程序中,而基于知识的系统则将应用领域的问题求解知识显示地表达出来,并组成一个相对独立的程序实体。

知识库有如下几个特点:

(1) 知识库中的知识根据它们的应用领域特征、背景特征(获取时的背景信息)、使用特征、属性特征等而被构成便于利用的、有结构的组织形式。知识片一般是模块化的。

(2) 知识库的知识是有层次的,最低层是事实知识;中间层是用来控制事实的知识(通常用规则、过程等表示);最高层次是策略,它以中间层知识为控制对象。策略也常常被认为是规则的规则,因此,知识库的基本结构是层次结构,由其知识本身特性所确定。在知识库中,知识片间通常都存在相互依赖关系。规则是最典型、最常用的一种知识片。

(3) 知识库中可有一种不只属于某一层次(或者说在任一层次都存在)的特殊形式的知识——可信度(或称信任度,置信测度等)。对某一问题,有关事实、规则和策略都可标以可信度,这样,就形成了增广知识库。在数据库中不存在不确定性度量,因为在数据库处理中一切都属于确定型。

(4) 知识库中还可存在一个通常被称作典型方法库的特殊部分。如果对于某些问题的解决途径是肯定和必然的,就可以把其作为一部分相当肯定的问题解决途径直接存储在典型方法库中。这种宏观的存储将构成知识库的另一部分。在使用这部分时,机器推理将只限于选用典型方法库中的某一层体部分。

另外,知识库也可以在分布式网络上实现。这样,就需要建造分布式知识库。建造分布式知识库的优越性有三点:

(1) 可在较低价格下构造较大的知识库;

(2) 不同层次或不同领域的知识库对应的问题求解任务相对来说比较单纯,因而可以构成较高效的系统;

(3) 可适于地域辽阔的地理分布。

知识库的构造必须使得其中的知识在被使用的过程中能够有效地存取和搜索,库中的知识能方便地修改和编辑,同时,对库中知识的一致性和完备性能进行检验。

目前已有并行技术,并行有两种含义:一是同时性,指两个或多个事件在同一时刻发生;二是并发性,指两个或多个事件在同一时间间隔内发生。并行计算是提高计算机系统计算速度和处理能力的一种有效手段。它的基本思想是用多个处理器来协同求解同一问题,即将被求解的问题分解成若干个部分,各部分均由一个独立的处理机来并行计算。并行计算系统既可以是专门设计的、含有多个处理器的超级计算机,也可以是以某种方式互连的若干台独立计算机构成的集群。

并行计算基于一个简单的想法:N 台计算机应该能够提供 N 倍计算能力,不论当前计算机的速度如何,都可以期望被求解的问题在 $1/N$ 的时间内完成。显然,这只是一个理想的情况,因为被求解的问题在通常情况下都不可能被分解为完全独立的各个部分,而是需要进行必要的数据交换和同步。

尽管如此,并行计算仍然可以使整个计算机系统的性能得到实质性的改进,而改进的程度取决于欲求解问题自身的并行程度。

并行计算的优点是具有巨大的数值计算和数据处理能力,能够被广泛地应用于国民经济、国防建设和科技发展中具有深远影响的重大课题,如石油勘探、地震预测和预报、气候模拟和大范围天气预报、新型武器设计、核武器系统的研究模拟、航空航天飞行器、卫星图像处理、天体和地球科学、实时电影动画系统及虚拟现实系统等。

由于这些系统非常复杂,而且规模庞大,直接进行实体研究比较困难,设计和研究的费用也非常高,同时风险性很大。而仿真技术具有低风险性与高效率性等特点,因此在建立和实施此类系统之前先进行仿真研究就显得特别重要。

仿真的软件很多,如 ANSYS、Femlab、Fluent。有些仿真软件既有串行版本,又有并行版本,如 ANSYS。

由于这些仿真系统中的并行化处理很多,如果采用串行化仿真,就会严重妨碍系统的仿真效果和仿真时间,影响仿真的效率,达不到实时仿真的要求,失去了仿真的目的和意义。而且,随着低成本并行计算机结构和高速网络计算平台的出现,并行仿真成为可能。并行仿真软件的出现是并行仿真系统实现的前提条件,一个优秀的并行仿真软件应该有以下三个特征:

(1) 可以很容易地实现数学模型到可操作仿真软件模型的转换;

(2) 能够同时适应分布式结构和共享内存的并行计算平台,而且支持多种并行仿真任务分配策略和同步策略;

(3) 支持可视化编程和层次化的模型开发。

数据共享和消息传递是目前并行仿真语言所采用的主要两种结构,其中消息传递方法由于其适应性强成为大多数语言采用,也有少数语言采用数据共享方式。

现在常用的并行仿真语言主要有以下三类:

(1) 开发并行库和 API 接口,首先要开发并行仿真模块库,然后在标准的串行仿真语言中调用并行库里的模块。这种方法无须学习新的语言,用户很容易掌握,但是,由于没有特定的编译器,出错检查能力没有高层次仿真语言强,因此并行仿真模块设计一定要尽量简单。比较有代表性的此类语言有 GTW、UPS、Compose 等。

(2) 在串行仿真语言中加入并行处理功能,主要是为了增强串行仿真语言的能力。与并行仿真模块库相比,该方法拥有了编译器,为编程人员提供了比较友好的界面和方便的工作环境。而且在这种语言中可以很容易地使用多种优化方法,如 Apostle 的粒度控制和 Maisie 的减小回退间隔等。比较有代表性的此类语言有 Sim++、Apostle、Maisie、Parsec 等。

(3) 并行语言中加入仿真功能,如 SCE,它就是在并行语言 Ada 上发展起来的。

通常情况下突发事件需要及时处理,这就需要应急处理系统处理。应急指挥中需要对事故现场进行实时且有效的仿真,否则难以控制,造成严重损失。科学计算中需要对科学问题进行实时且有效的仿真,否则会影响科学研究的进展。工业中需要对产品进行实时且有效的仿真,否则会影响生产速度和质量。

当现实事件发生时,仿真系统将对事件进行仿真。对任何系统进行仿真时,首先要求得它的数学模型。目前仿真技术中求数学模型的方法通常有以下两种完全不同的方法,即"黑盒"法和"白盒"法。

所谓"黑盒"法,是对一个系统加入不同的输入(扰动)信号,观察其输出。根据所记录的输入、输出信号,用一个或几个数学表达式来表达这个系统的输入与输出关系,这种方法根本不去描述系统内部的机理和功能。对于火电厂的系统来说,经常用的"黑盒"法是"飞升曲线试验"法和"系统辨识"法。

用"白盒"法求一个系统的数学模型,需要知道系统本身的许多细节,诸如这个系统由几个部分组成、它们之间怎样连接、它们相互之间如何影响等。这种方法不注重对系统过去行为的观察,只注重系统结构和过程的描述。对系统的机理有了详细了解之后,才可能得到描述该系统的数学模型。对于火电厂的系统来说,所用的"白盒"法是根据"能量守恒"、"质量守恒"和"动量守恒"的原理建模的。

把求系统数学模型的过程称为一次建模,得到系统的模型后就可以进行仿真处理。由于所得到的描述系统的数学表达式一般为微分方程、偏微分方程、代数方程和差分方程等形式,而数字计算机的算法语言大多数是不能直接求解微分方程和偏微分方程的,在对这些模型求解之前,必须把它们转换成用计算机算法语言所能描述的形式。这个转换过程称为二次建模。二次建模使用计算机进行求解。

随着数字计算机的快速发展,有些高级算法语言已能够直接求解微分方程,甚至偏微分方程(如 MATLAB 语言),还有专门为仿真发展起来的语言,如 ESL-A、CSSL'S、SIM-ULINKV31、CAE2000 等仿真语言。当使用这些语言对系统进行数字仿真时,二次建模过程就不需要了。

仿真计算量非常大,非常耗时,为了加快仿真的速度,通常采用并行计算和简化模型来加快仿真的速度。

现有技术都是有需求时才进行仿真。仿真,特别是大规模的仿真,计算量非常的庞大,即使利用高性能计算机也难以在期望的时间内完成。例如,大楼爆炸的模拟、污染物紧急泄露的模拟,一般都难以在事件发生时完成,如果不在事件发生时完成,则进行仿真的意义就会大大降低,只能用于事后分析模拟事故发生的原因。而且这些紧急事件,很难用仿真做预案,因为事故发生的地点是事先不可预知的。比如,谁也不会想到五角大楼会在"911"事件中炸掉,而且谁也不能预知会采用什么方法进行爆炸,更不能预知飞机将从哪个角度哪个高度进行撞击,因此这类预案无法进行。所以现有的仿真技术满足不了这类实时性要求高的应用需求。

同时用现有的仿真技术,科学家需要等待很长时间才能得到科学仿真的结果,大大延缓了科研的进程。工程设计人员需要等待很长时间才能得到工业仿真的结果,大大延缓了产品研发的进程。

虽然目前仿真技术可以结合并行计算,但并行问题的划分以及并行加速度取决于应用的并行性,并受限于不同并行进程间通信的开销,虽然能加速仿真的速度,但离实时性的需求尚远。拿淮河发洪水 1h 的仿真来说,如果不采用并行计算,可能需要仿真30 天的时间,采用并行计算,还是需要仿真 2 天的时间,仍然远远滞后于现实的洪水事故进度。

简化仿真模型的方法,虽然在一定程度上加快仿真速度,但降低了仿真精度,往往由于精度不够造成错误决策或结论。

因此,现有仿真技术有待于完善和发展。

4.1.2　仿真知识库下实时仿真的原理

本方法的目的是提供一种基于仿真知识库的自动实时仿真及其并行方法,所要解决的技术问题是针对上述现有仿真技术缺陷,通过仿真知识库存储预备事件和提前利用现有仿真技术对预备事件进行仿真,得到预期仿真结果。

本方法的技术方案如下:

一种基于仿真知识库的自动实时仿真及其并行化方法,所述仿真知识库包括:预备事件库、预期仿真结果库、映射表、仿真规则库;其方法包括以下步骤:

A. 收集整理预备事件,归类并将其加入预备事件库;

B. 收集整理现有仿真技术中仿真规则,归类并将其加入仿真规则库;

C. 调用所述仿真规则对预备事件进行仿真,将仿真结果归类加入预期仿真结果库,并将所述预备事件与其相应的预期结果建立映射关系;

D. 现实事件发生时,检索匹配的预备事件,根据所述映射关系,找到预期结果,并将其作为所述现实事件的实时仿真结果输出。

所述的方法,其中,还包括步骤:

E. 当所述实时仿真结果不理想,则将所述现实事件作为预备事件加入所述预备事件库,并将所述预备事件及其预期结果扩充到所述仿真知识库中,以方便下次遇到类似现实事件实现自动实时仿真。

所述的方法,其中,所述步骤 A 中,预备事件库更新时对其对应的仿真结果及它们映射关系做相应的更新。

所述的方法,其中,所述步骤 C 中,仿真结果库更新时对该结果所对应的事件及它们映射关系做相应的更新。

所述的方法,其中,所述步骤 D 中,基于仿真知识库仿真将非实时仿真转为自动实时仿真。

所述的方法,其中,所述仿真知识库的构建、更新、及事件仿真并行化进行。

本方法所提供的一种基于仿真知识库的自动实时仿真及其并行化方法,由于采用了通过仿真知识库存储预备事件和提前利用现有仿真技术对预备事件进行仿真得到的预期仿真结果输出,克服了现有仿真技术中的缺陷,满足了实时性要求高的应用需求,且本方法的仿真精度高,不易造成根据仿真结果作出错误的决策或结论。

4.1.3　仿真知识库下实时仿真的方法

本方法基于仿真知识库的自动实时仿真及其并行方法的核心方法点在于通过仿真知识库存储预备事件和提前利用现有仿真技术对预备事件进行仿真,得到的预期仿真结果作为自动实时仿真结果输出。当现实事件发生,从仿真知识库中找到与现实事件相匹配的预备事件,当预期仿真结果与现实事件仿真结果匹配时,则其预期仿真结果作为现实事件仿真结果输出的,如图 4.1 所示。

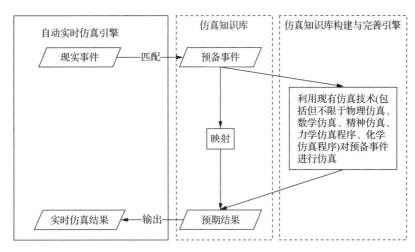

图 4.1　基于仿真知识库的自动实时仿真原理图

本方法首先构建仿真知识库,仿真知识库包括:预备事件库、预期仿真结果库、映射表、仿真规则库,如图 4.2 所示。

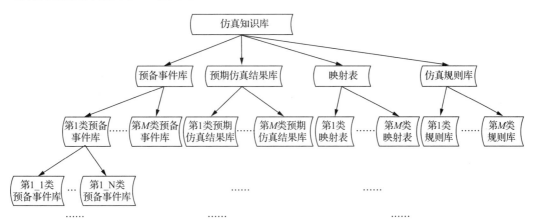

图 4.2　仿真知识库结构图

其中预备事件库包括第 1 类预备事件库、第 2 类预备事件库、……、第 M1 类预备事件库,第 1 类预备事件库包括第 1_1 类预备事件库、第 1_2 类预备事件库、……、第 1_N 预备事件库,如此类推,根据需要可以不断扩展和细化。

其中预期仿真结果库包括第 1 类预期仿真结果库、第 2 类预期仿真结果库、……、第 M 类预期仿真结果库。第 1 类预期仿真结果库包括第 1_1 类预期仿真结果库、第 1_2 类预期仿真结果库、……、第 1_N 类预期仿真结果库,如此类推,根据需要可以不断扩展和细化。

其中映射表包括第 1 类映射表、第 2 类映射表、……、第 M 类映射表,第 1 类映射表包括第 1_1 类映射表、第 1_2 类映射表、……、第 1_N 类映射表,如此类推,根据需要可以不断扩展和细化。

其中仿真规则库包括第 1 类仿真规则库、第 2 类仿真规则库、……、第 M 类仿真规则库,第 1 类仿真规则库包括第 1_1 类仿真规则库、第 1_2 类仿真规则库、……、第 1_N 类仿真规则库,如此类推,根据需要可以不断扩展和细化。

仿真知识库构建后,其可以更新,同时可以利用仿真知识库对现实事件进行自动实时仿真如图 4.3 所示。

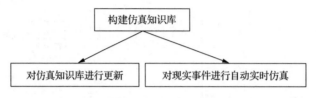

图 4.3　基于仿真知识库的自动实时仿真的总体方案示意图

仿真知识库的更新与基于仿真知识库对现实事件的自动实时仿真两者是异步的、松耦合的。即未进行基于仿真知识库对现实事件的自动实时仿真时,仿真知识库可以进行更新;对现实事件进行自动实时仿真时,仿真知识库也可以进行更新;仿真知识库进行更新时,可以对现实事件进行自动实时仿真;仿真知识库未进行更新时,也可以对现实事件进行自动实时仿真。同时仿真知识库与对现实事件的进行自动实时仿真又是相互关联的。即仿真知识库的更新会引起预备事件库和预期仿真结果库的变化,进而会引起对与更新相关的现实事件的自动实时仿真结果的变化;同时基于仿真知识库对现实事件的自动实时仿真结果不理想时,可以自动将现实事件作为预备事件加入预备事件库,并通过仿真知识库中仿真规则生成相应的预期仿真结果加入预期仿真结果库,并将预备事件与预期结果映射关系加入映射表,从而达到仿真知识库自学习、自我完善的目的。其流程如下:

第 A 步,构建仿真知识库;

第 B 步,根据需要,对仿真知识库进行更新;

第 C 步,基于仿真知识库,对现实事件进行自动实时仿真。

仿真系统设置并行化操作后,仿真知识库可以并行构建,构建后,仿真知识库可以并行更新,同时可以利用仿真知识库对现实事件进行并行自动实时仿真。基于仿真知识库的自动实时仿真的总体并行流程如图 4.4 所示,其操作流程如下:

第 A 步,分发所有构建任务,根据各构建任务并行地构建仿真知识库;

第 B1 步,当需要更新仿真知识库时,分发所有更新仿真知识库任务,并行地对仿真知识库进行更新;

第 B2 步,当需要对现实事件进行自动实时仿真时,分发所有现实事件自动实时仿真任务,并行地对现实事件进行自动实时仿真。

自动实时仿真现实事件的同时仿真知识库可以构建与更新,仿真知识库分为预备事件库、预期仿真结果库、预备事件与预期仿真结果之间的映射表、仿真规则库。构建仿真知识库时,首先构建库结构,然后向库内添加数据,其包括:预备事件、仿真规则、预期仿真结果、预备事件与预期仿真结果映射关系。预备事件与预期仿真结果的映射表反映预备事件库与预期仿真结果库映射关系,预期仿真结果库中存储预备事件库中预备事件经过

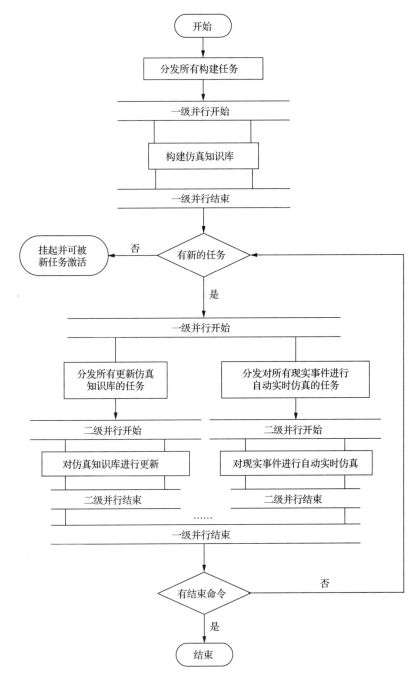

图 4.4　基于仿真知识库的自动实时仿真的总体并行示意图

仿真规则库中仿真规则进行仿真的结果。仿真知识库构建完成后,随时可以更新其中的库结构或库数据,但修改时注意数据的完备性与一致性,注意四库之间的关系,如在预备事件库中加入一件预备事件,必然调用仿真规则库中仿真规则对该预备事件进行仿真,并在预期仿真结果库中加入该预备事件对应的预期仿真结果,同时在映射表中加入该预备事件与预期仿真结果之间映射数据。仿真知识库的构建与更新总体方案如图 4.5 所示，其具体步骤如下：

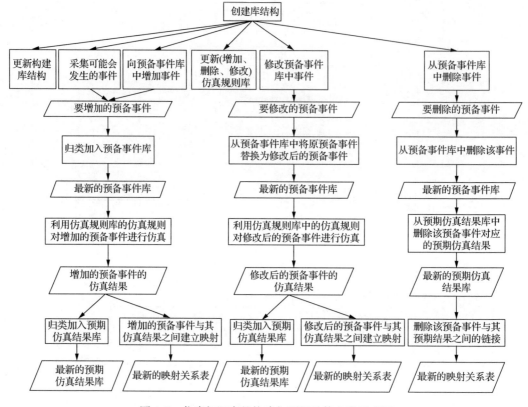

图 4.5　仿真知识库的构建与更新总体方案示意图

第 A 步，创建库结构；

第 B 步，并行化更新；

第 B 步包括以下并行化步骤：

第 B1 步，当结构需要更新时，则更新库结构；

第 B2 步，当需要采集可能事件，或需要向预备事件库中增加事件时，将增加的预备事件归类并加入预备事件库，得到最新预备事件库，然后利用仿真规则库对增加的预备事件进行仿真，得到增加预备事件仿真结果，然后将其仿真结果归类并加入预期仿真结果库，得到最新预期仿真结果库，并在增加预备事件与其仿真结果之间建立映射，得到最新映射关系表；

第 B3 步，当需要更新仿真规则库时，则更新仿真规则库；

第 B4 步，当需要修改预备事件库中事件时，在预备事件库中将原预备事件替换为修改后的预备事件，得到最新预备事件库，然后利用仿真规则库中仿真规则对修改后的预备事件进行仿真，得到修改后的预备事件仿真结果，再将修改后的预备事件仿真结果归类并加入预期仿真结果库，得到最新预期仿真结果库，并在修改后的预备事件与其仿真结果之间建立映射，得到最新的映射关系表；

第 B5 步,当需要从预备事件库中删除事件时,在预备事件库中删除该事件,得到最新预备事件库,然后从预期仿真结果库中删除该预备事件对应的预期仿真结果,得到最新预期仿真结果库,再删除该预备事件与其预期结果映射关系,得到最新映射关系表。

仿真系统并行化设置后,首先并行地构建仿真知识库,然后并行地更新库结构或库数据。仿真知识库的构建与更新的总体并行流程如图 4.6 所示,其具体流程步骤如下:

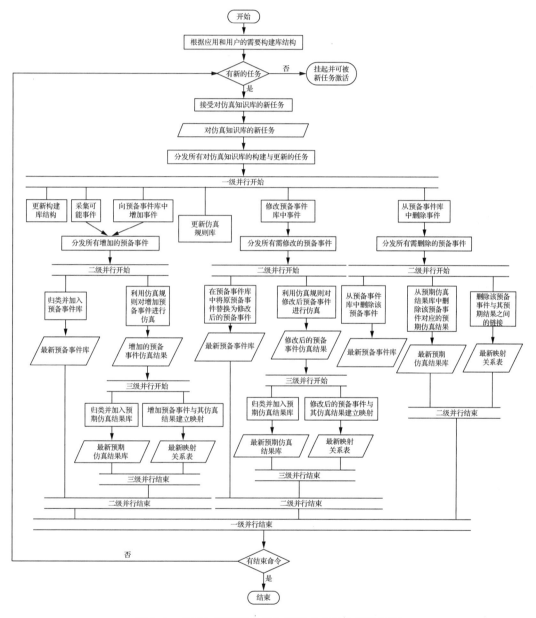

图 4.6　仿真知识库的构建与更新的总体并行流程图

第 A 步,根据需要构建库结构;

第 B 步,接受并分发所有仿真知识库构建与更新任务,并行地对各任务进行处理。

其处理步骤为第 B1 步、第 B2 步、第 B3 步、第 B4 步、第 5 步；

第 B1 步，当需要更新库结构时，则更新库结构；

第 B2 步，当需采集可能事件或需向预备事件库中增加事件时，分发所有需增加的预备事件；

第 B2a 步，将要增加的预备事件归类并加入预备事件库，得到最新预备事件库。

第 B2b 步，利用仿真规则库中仿真规则对增加的预备事件进行仿真，得到增加预备事件仿真结果；

第 B2c 步，将增加的预备事件的仿真结果归类加入预期仿真结果库，得到最新预期仿真结果库；

第 B2d 步，在增加的预备事件与其仿真结果之间建立映射，得到最新映射关系表；

第 B3 步，当需要更新仿真规则库时，则并行地更新仿真规则库；

第 B4 步，当需要修改预备事件库中事件时，分发所有需要修改的预备事件；

第 B4a 步，在预备事件库中将原预备事件替换为修改后的预备事件，得到最新预备事件库；

第 B4b 步，利用仿真规则库中仿真规则对修改后的预备事件进行仿真，得到修改后的预备事件仿真结果；

第 B4c 步，将修改后的预备事件仿真结果归类并加入预期仿真结果库，得到最新预期仿真结果库；

第 B4d 步，将修改后的预备事件与其仿真结果之间建立映射，得到最新映射关系表；

第 B5 步，当需要删除预备事件库中事件时，分发所有需要删除的预备事件；

第 B5a 步，在预备事件库中删除该预备事件，得到最新预备事件库；

第 B5b 步，从预期仿真结果库中删除该预备事件对应的预期仿真结果，得到最新预期仿真结果库；

第 B53 步，删除该预备事件与其预期结果之间的链接，得到最新的映射关系表。

本方法有新现实事件需要进行仿真时，首先在仿真知识库中的预备事件库中检索与匹配的预备事件，预备事件库有很多子库，子库又可以有子库（多级子库），因此，在比较时需根据现实事件性质决定到哪些预备事件子库中去检索匹配，然后根据映射表将匹配度最大的预备事件所对应的预期仿真结果返回，作为现实事件自动实时仿真结果。如果该结果被判定为不理想，则现实事件被自动作为预期事件加入预期事件库，并利用仿真规则对该预期事件进行仿真，并将其仿真结果加入预期仿真结果库，同时将该预备事件与该预期结果映射关系加入映射表。基于仿真知识库的自动实时仿真总体方案如图 4.7 所示，其具体步骤如下：

第 A 步，接受现实事件；

第 B 步，在预备事件库中检索出与现实事件匹配的预备事件；

第 C 步，当匹配度符合要求，则该预备事件所映射的预期仿真结果作为现实事件仿真结果输出；

第 D 步，当匹配度不符合要求，将现实事件增加到仿真知识库中，并因此启动仿真知识库的更新引擎，得到现实事件非实时仿真结果。

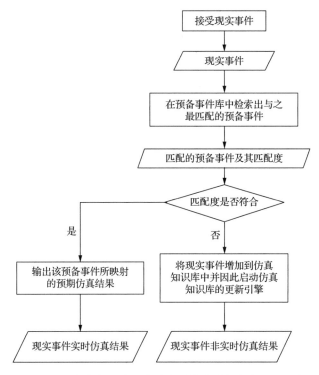

图 4.7 基于仿真知识库的自动实时仿真总体方案流程示意图

并行化设置后,检索、匹配、映射、利用仿真规则仿真预备事件生成的预期仿真结果都可以并行化运行。基于仿真知识库的自动仿真总体并行流程如图 4.8 所示,具体步骤如下:

第 A 步,接受现实事件,分发所有现实事件,并行地对各现实事件进行处理,处理步骤为第 A1 步、第 A2 步;

第 A1 步,将对当前现实事件的检索匹配任务分发到所有相关预备事件子库,并行地对各相关预备事件子库进行下一步处理,得到预备事件库中与当前现实事件匹配预备事件及其匹配度;

第 A1a 步,分发当前预备事件子库中所有预备事件,并行地对各预备事件进行下一步处理,得到当前预备事件子库中与当前现实事件匹配预备事件及其匹配度;

第 A1a1 步,计算现实事件与预备事件匹配度,得到当前现实事件与预备事件匹配度;

第 A2a 步,当匹配度符合要求,则该预备事件所映射的预期仿真结果作为现实事件仿真结果输出;

第 A2b 步,当匹配度不符合要求,则将现实事件增加到仿真知识库中,并因此启动仿真知识库的更新引擎,得到现实事件的非实时仿真结果。

以上方案使用了仿真知识库,使得仿真所需的时间不依赖于仿真规模和复杂度,大大加快了仿真速度,使仿真与现实同步,并超前于现实。而现有仿真技术即使采用简化模型和并行计算方法,也不能达到实时效果,一般用于事后的评估和因果分析,失去了仿真的

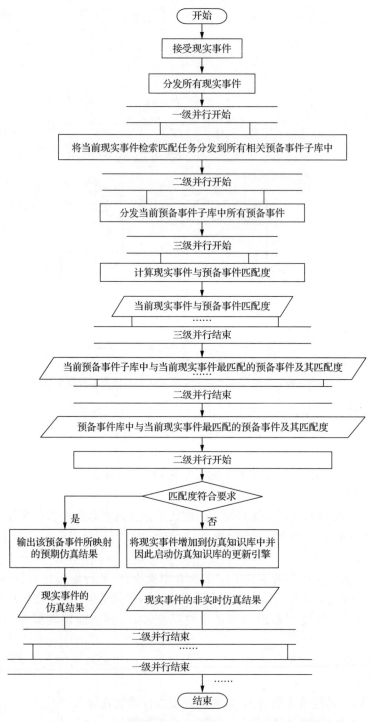

图 4.8　基于仿真知识库的自动实时仿真总体并行流程图

最核心价值。以上方案利用仿真知识库在现实事件未发生时,由预备事件仿真出预期仿真结果并将其存储到预期仿真结果库中,供现实事件进行实时仿真用。以上方案仿真知识库中的仿真规则是现有的仿真技术,因此既超出了现有仿真技术,又充分利用了现有的仿真技术。

从以上方案中可以看出,本方法在平时工作时,仿真知识库在现实事件未发生时通过仿真将来可能会发生的预备事件,并将预备事件、预备事件库以及其仿真规则扩充更新到仿真知识库中。而现有仿真技术,只在现实事件发生时,忙于仿真,未发生时所有用于仿真资源处于空闲状态,因此本方法更充分地利用了资源。

4.2　文学作品作者鉴别

一种文学作品作者识别方法,包括:获取输入的文学作品,对输入的文学作品进行分词,得到分词词组及其对应的目标出现频率;根据所述目标出现频率计算所述输入的文学作品的信息熵;获取与目标作者对应的作者样本作品及作者样本作品的信息熵;通过比较所述作者样本作品的信息熵和所述输入的文学作品的信息熵识别所述输入的文学作品的作者是否为目标作者。此外,还提供了一种文学作品作者识别装置。上述文学作品作者识别方法和装置能够提高识别的准确度。

4.2.1　现有作者鉴别技术的不足

由于早期对文学作品的作者缺乏历史记载,在文学作品出品多年后,无法获知文学作品的作者是谁。或者作者采用罕见的笔名出品文学作品,他人也无法获知文学作品的真实作者是谁。

传统技术中,通常采用人工的方式对上述场景中的文学作品的作者进行识别,即由对某作者的文学风格较熟悉的学者或专家根据文学作品的文字风格对其进行鉴定,鉴定结果通常依赖人的文学鉴定经验,因此准确度不高。

4.2.2　文学作品作者自动鉴别的原理

一种文学作品作者识别方法,包括:

获取输入的文学作品,对所述输入的文学作品进行分词,得到分词词组及其对应的目标出现频率;

根据所述目标出现频率计算所述输入的文学作品的信息熵;

获取与目标作者对应的作者样本作品及作者样本作品的信息熵;

通过比较所述作者样本作品的信息熵和所述输入的文学作品的信息熵识别所述输入的文学作品的作者是否为目标作者。

在其中一个方案中,所述根据所述目标出现频率计算所述输入的文学作品的信息熵的步骤之前还包括:

获取全局样本作品,对全局样本作品进行分词,得到分词词组及其对应的全局出现频率;

根据所述全局出现频率计算所述分词词组的信息量。

在其中一个方案中,所述根据所述目标出现频率计算所述输入的文学作品的信息熵的步骤为：

根据所述分词词组的目标出现频率及其对应的信息量计算所述输入的文学作品的信息熵。

在其中一个方案中，所述获取与目标作者对应的作者样本作品及作者样本作品的信息熵的步骤之前还包括：

在所述全局样本作品中获取与目标作者对应的作者样本作品；

对作者样本作品进行分词，得到分词词组及其对应的作者出现频率。

在其中一个方案中，所述获取与目标作者对应的作者样本作品及作者样本作品的信息熵的步骤包括：

根据所述分词词组的作者出现频率及其对应的信息量计算所述作者样本作品的信息熵。

此外，还有必要提供一种能提高准确度的文学作品作者识别装置。

一种文学作品作者识别装置，包括：

目标分词模块，用于获取输入的文学作品，对所述输入的文学作品进行分词，得到分词词组及其对应的目标出现频率；

目标信息熵计算模块，用于根据所述目标出现频率计算所述输入的文学作品的信息熵；

作者信息熵获取模块，用于获取与目标作者对应的作者样本作品及作者样本作品的信息熵；

作者识别模块，用于通过比较所述作者样本作品的信息熵和所述输入的文学作品的信息熵识别所述输入的文学作品的作者是否为目标作者。

在其中一个方案中，所述装置还包括全局分词模块，用于获取全局样本作品，对全局样本作品进行分词，得到分词词组及其对应的全局出现频率；根据所述全局出现频率计算所述分词词组的信息量。

在其中一个方案中，所述目标信息熵计算模块还用于根据所述分词词组的目标出现频率及其对应的信息量计算所述输入的文学作品的信息熵。

在其中一个方案中，所述装置还包括作者分词模块，用于在所述全局样本作品中获取与目标作者对应的作者样本作品；对作者样本作品进行分词，得到分词词组及其对应的作者出现频率。

在其中一个方案中，所述装置还包括作者信息熵计算模块，用于根据所述分词词组的作者出现频率及其对应的信息量计算所述作者样本作品的信息熵。

上述文学作品作者识别方法及装置，对输入的文学作品进行了分词，根据分词得到的分词词组的出现频率计算输入的文学作品的信息熵，并获取了与目标作者对应的多个作者样本作品的信息熵，然后通过比较信息熵得到输入的文学作品与目标作者的作者样本作品的近似程度，从而判断输入的文学作品的作者是否为目标作者。由于同一作者的文学作品通常文风相同，用词习惯通常类似，因此根据香农的信息论原理，其信息熵也较相似，因此，准确度较高。

4.2.3　文学作品作者自动鉴别的方法

在一个方案中,如图 4.9 所示,一种文学作品作者识别方法,包括以下步骤:

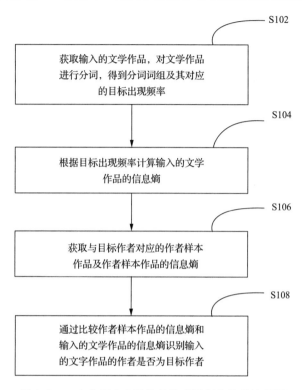

图 4.9　一个方案中文学作品作者识别方法的流程图

步骤 S102,获取输入的文学作品,对输入的文学作品进行分词,得到分词词组及其对应的目标出现频率。

输入的文学作品为作者模糊需要鉴定和识别其作者的文学作品。目标出现频率即对输入的文学作品进行分词后得到的分词词组在输入的文学作品中的出现频率。

对于中文的文学作品,可通过常用的汉字词库对输入的文学作品进行分词。例如,可通过 IKAnalyzer、Paoding、jcseg 或 friso 等分词工具或分词组件提供的应用程序接口(application program interface,API)对输入的中文的文学作品进行分词。

对于英文的文学作品,则通过英文单词之间的空格将英文的文学作品进行分词。

在一个方案中,对文学作品分词后,还可对得到的分词词组进行过滤,去除助词或无意义的副词。可预先配置助词或无意义副词的过滤列表,将存在于该过滤列表中的分词词组过滤掉。

在一个方案中,可通过公式

$$W_i = \frac{r_i}{\sum\limits_{i=1}^{n} r_i}$$

得到目标出现频率。其中,W_i 为第 i 个分词词组在输入的文学作品中的目标出现频率;

r_i 为第 i 个分词词组在输入的文学作品中的出现次数；n 为对输入的文学作品进行分词后得到的内容不同的分词词组的总个数。

步骤 S104，根据目标出现频率计算输入的文学作品的信息熵。

信息熵即根据香农的信息论原理对文学作品整体的信息含量的定义。

在一个方案中，根据目标出现频率计算输入的文学作品的信息熵的步骤之前还可获取全局样本作品，对全局样本作品进行分词，得到分词词组及其对应的全局出现频率，根据全局出现频率计算分词词组的信息量。

全局样本作品即预先选取的多个具有明确作者的信息的文学作品。

在一个方案中，还可获取输入的文学作品的出品时间信息，获取到的全局样本作品的出品时间信息与输入的文学作品的出品时间信息对应。

例如，若输入的文学作品的出品时间为 X 年，则可获取 X 年出品的具有详细作者信息的多个文集、诗集等文学作品作为全局样本作品。

信息量即某个分词词组所附带的信息含量的定义。

在本方案中，可根据公式

$$I_j = -\log_b \frac{s_j}{\sum\limits_{i=j}^{m} s_j}$$

计算分词词组的信息量。其中，I_j 为计算得到的全局样本作品中第 j 个分词词组的信息量；s_j 为第 j 个分词词组在全局样本作品中的出现频率；m 为全局样本作品中内容不同的分词词组的总个数；b 为预设的对数底系数，通常可以为 2、10 或 e。

可缓存计算得到的全局样本作品中分词词组的信息量。在执行过程中，当缓存中已存储有全局样本作品中分词词组的信息量时，可在缓存中直接获取，从而不用重复计算。

在本方案中，根据目标出现频率计算输入的文学作品的信息熵的步骤可具体为，根据分词词组的目标出现频率及其对应的信息量计算输入的文学作品的信息熵。

在本方案中，可根据公式

$$H_{\text{input}} = \sum_{i=1}^{n} W_i I_i$$

计算输入的文学作品的信息熵。其中，H_{input} 为输入的文学作品的信息熵；W_i 为输入的文学作品中第 i 个分词词组的出现频率；I_i 为该第 i 个分词词组的信息量；n 为对输入的文学作品进行分词后得到的内容不同的分词词组的总个数。

需要说明的是，第 i 个分词词组的信息量 I_i 可通过前述的计算信息量的公式计算得到，输入的文学作品的第 i 个分词词组即为全局样本作品中的某个分词词组，也就是说，该公式中的第 i 个分词词组与前述公式中的第 j 个分词词组为内容相同的分词词组。

在一个方案中，若输入的文学作品中的第 i 个分词词组在全局样本作品中不存在，则可将其对应的信息量设置为预设值。也就是说，若输入的文学作品中出现了全局样本作品中没有的词组，则可将该新出现的词组的信息量设置为预设的信息量阈值，从而便于计算信息熵。例如，若将信息量阈值设置为 0，则表示忽略该新出现的词组，若将信息量阈值设置为较大的常数，则表示新出现的词组带来较大的信息熵。

在一个方案中,在获取全局样本作品时,可先获取输入的文学作品的篇幅或字数,然后选取与输入的文学作品篇幅或字数差值小于字数阈值的文学作品添加到全局样本作品中,从而减少篇幅或篇幅所代表的文学形式对作者用词产生的影响,提高识别的准确率。

步骤 S106,获取与目标作者对应的作者样本作品及作者样本作品的信息熵。

全局样本作品中可有多个文学作品对应同一作者。可根据作者将全局样本作品划分为多组文学作品。然后遍历该多组文学作品,判断输入的文学作品与哪组文学作品较相似。在判断时,遍历到的一组文学作品对应的同一作者即为作者样本作品,其对应的同一作者即为目标作者。

在本方案中,获取与目标作者对应的作者样本作品及作者样本作品的信息熵的步骤之前还可在全局样本作品中获取与目标作者对应的作者样本作品;对作者样本作品进行分词,得到分词词组及其对应的作者出现频率。

作者出现频率即对作者样本作品进行分词后得到的分词词组在该作者样本作品中的出现频率。

在本方案中,可根据公式

$$T_k = \frac{q_k}{\sum\limits_{k=1}^{l} q_k}$$

得到作者出现频率。其中,T_k 为作者样本作品中第 k 个分词词组的作者出现频率;q_k 为作者样本作品中第 k 个分词词组的出现次数;l 为对作者样本作品进行分词后得到的内容不同的分词词组的总个数。

进一步的,获取与目标作者对应的作者样本作品及作者样本作品的信息熵的步骤可包括根据分词词组的作者出现频率及其对应的信息量计算作者样本作品的信息熵。

在本方案中,可根据公式

$$H_t = \sum_{k=1}^{l} T_k I_k$$

计算作者样本作品的信息熵。其中,H_t 为作者样本作品的信息熵,T_k 为作者样本作品中第 k 个分词词组的出现频率,I_k 为该第 k 个分词词组的信息量;l 为对作者样本作品进行分词后得到的内容不同的分词词组的总个数。

可根据上述公式分别计算全局样本作品中对应同一目标作者的多个作者样本作品的信息熵。

可缓存计算得到的作者样本作品的信息熵。在执行过程中,当缓存中已存储有作者样本作品的信息熵时,可在缓存中直接获取,从而不用重复计算。

步骤 S108,通过比较作者样本作品的信息熵和输入的文学作品的信息熵识别输入的文学作品的作者是否为目标作者。

在一个方案中,如图 4.10 所示,通过如下步骤识别输入的文学作品的作者:

步骤 S202,计算作者样本作品的信息熵的平均值 U。

例如,可根据公式

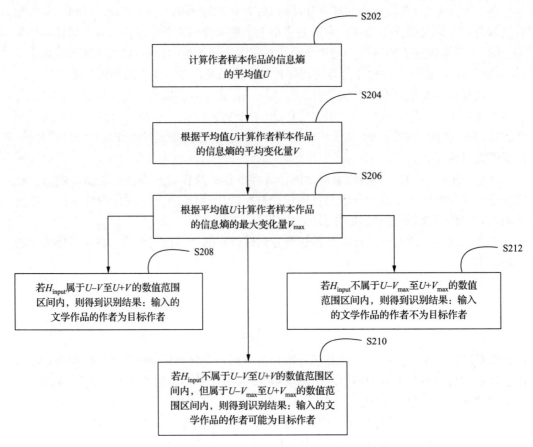

图 4.10　一个方案中通过比较所述作者样本作品的信息熵和所述
输入的文学作品的信息熵识别所述输入的文学作品的作者的流程图

$$U = \frac{\sum\limits_{t=1}^{N} H_t}{N}$$

计算作者样本作品的信息熵的平均值 U。其中，N 为全局样本作品中对应了目标作者的作者样本作品的个数；H_t 为对应目标作者的第 t 个作者样本作品的信息熵。

步骤 S204，根据平均值 U 计算作者样本作品的信息熵的平均变化量 V。

例如，可根据公式

$$V = \frac{\sum\limits_{t=1}^{N} |H_t - U|}{N}$$

计算作者样本作品的信息熵的平均变化量 V。其中，N 为全局样本作品中对应了目标作者的作者样本作品的个数；H_t 为对应目标作者的第 t 个作者样本作品的信息熵；U 为作者样本作品的信息熵的平均值。

步骤 S206，根据平均值 U 计算作者样本作品的信息熵的最大变化量 $V_{\max}$。

例如，可根据公式

$$V_{\max} = \mathop{\mathrm{Max}}\limits_{t=1}^{N}(\,|\,H_t - U\,|\,)$$

计算作者样本作品的信息熵的平均变化量 $V_{\max}$。其中，N 为全局样本作品中对应了目标作者的作者样本作品的个数；H_t 为对应目标作者的第 t 个作者样本作品的信息熵；U 为作者样本作品的信息熵的平均值；$V_{\max}$ 即为 $|\,H_t - U\,|$ 的最大值。

步骤 S208，若 H_{input} 属于 $U-V$ 至 $U+V$ 的数值范围区间内，则得到识别结果：输入的文学作品的作者为目标作者。

步骤 S210，若 H_{input} 不属于 $U-V$ 至 $U+V$ 的数值范围区间内，但属于 $U-V_{\max}$ 至 $U+V_{\max}$ 的数值范围区间内，则得到识别结果：输入的文学作品的作者可能为目标作者。

步骤 S212，若 H_{input} 不属于 $U-V_{\max}$ 至 $U+V_{\max}$ 的数值范围区间内，则得到识别结果：输入的文学作品的作者不为目标作者。

也就是说，可根据输入的文学作品的信息熵 H_{input}、作者样本作品的信息熵的平均值 U、平均变化量 V 和最大变化量 $V_{\max}$ 判断输入的文学作品的作者是否为目标作者。

在一个方案中，如图 4.11 所示，一种文学作品作者识别装置，包括目标分词模块 102、目标信息熵计算模块 104、作者信息熵获取模块 106 以及作者识别模块 108。

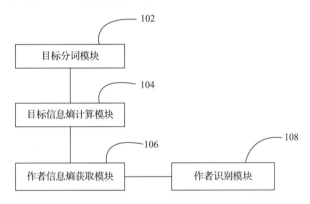

图 4.11　一个方案中文学作品作者识别装置的结构示意图

目标分词模块 102，用于获取输入的文学作品，对输入的文学作品进行分词。得到分词词组及其对应的目标出现频率。

输入的文学作品为出品年代模糊需要鉴定和识别的文学作品。目标出现频率即对输入的文学作品进行分词后得到的分词词组在输入的文学作品中的出现频率。

对于中文的文学作品，可通过常用的汉字词库对输入的文学作品进行分词。例如，可通过 IKAnalyzer、Paoding、jcseg 或 friso 等分词工具或分词组件提供的 API 对输入的中文的文学作品进行分词。

对于英文的文学作品，则通过英文单词之间的空格将英文的文学作品进行分词。

在一个方案中，对文学作品分词后，目标分词模块 102 还可用于对得到的分词词组进行过滤，去除助词或无意义副词。可预先配置助词或无意义副词的过滤列表，将存在于该过滤列表中的分词词组过滤掉。

在一个方案中，目标分词模块 102 可通过公式

$$W_i = \frac{r_i}{\sum\limits_{i=1}^{n} r_i}$$

得到目标出现频率。其中，W_i 为第 i 个分词词组在输入的文学作品中的目标出现频率；r_i 为第 i 个分词词组在输入的文学作品中的出现次数；n 为对输入的文学作品进行分词后得到的内容不同的分词词组的总个数。

目标信息熵计算模块 104，用于根据目标出现频率计算输入的文学作品的信息熵。

信息熵即根据香农的信息论原理对文学作品整体的信息含量的定义。

在一个方案中，如图 4.12 所示，文学作品作者识别装置还包括全局分词模块 110，用于获取全局样本作品，对全局样本作品进行分词，得到分词词组及其对应的全局出现频率，根据全局出现频率计算分词词组的信息量。

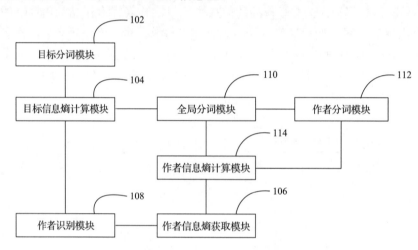

图 4.12　另一个方案中文学作品作者识别装置的结构示意图

全局样本作品即预先选取的多个具有明确作者信息的文学作品。

在一个方案中，全局分词模块 110 还可用于获取输入的文学作品的出品时间信息，获取到的全局样本作品的出品时间信息与输入的文学作品的出品时间信息对应。

例如，若输入的文学作品的出品时间为 X 年，则可获取 X 年出品的具有详细作者信息的多个文集、诗集等文学作品作为全局样本作品。

信息量即某个分词词组所附带的信息含量的定义。

在本方案中，全局分词模块 110 可根据公式

$$I_j = -\log_b \frac{s_j}{\sum\limits_{i=j}^{m} s_j}$$

计算分词词组的信息量。其中，I_j 为计算得到的全局样本作品中第 j 个分词词组的信息量；s_j 为第 j 个分词词组在全局样本作品中的出现频率；m 为全局样本作品中内容不同的分词词组的总个数；b 为预设的对数底系数，通常可以为 2、10 或 e。

可缓存计算得到的全局样本作品中分词词组的信息量。在执行过程中，当缓存中已存储有全局样本作品中分词词组的信息量时，可在缓存中直接获取，从而不用重复计算。

在本方案中,目标信息熵计算模块 104 可用于根据分词词组的目标出现频率及其对应的信息量计算输入的文学作品的信息熵。

在本方案中,目标信息熵计算模块 104 可根据公式:

$$H_{\text{input}} = \sum_{i=1}^{n} W_i I_i$$

计算输入的文学作品的信息熵。其中,H_{input} 为输入的文学作品的信息熵;W_i 为输入的文学作品中第 i 个分词词组的出现频率;I_i 为该第 i 个分词词组的信息量;n 为对输入的文学作品进行分词后得到的内容不同的分词词组的总个数。

需要说明的是,第 i 个分词词组的信息量 I_i 可通过前述的计算信息量的公式计算得到,输入的文学作品的第 i 个分词词组即为全局样本作品中的某个分词词组,也就是说,该公式中的第 i 个分词词组与前述公式中的第 j 个分词词组为内容相同的分词词组。

在一个方案中,若输入的文学作品中的第 i 个分词词组在全局样本作品中不存在,则可将其对应的信息量设置为预设值。也就是说,若输入的文学作品中出现了全局样本作品中没有的词组,则可将该新出现的词组的信息量设置为预设的信息量阈值,从而便于计算信息熵。例如,若将信息量阈值设置为 0,则表示忽略该新出现的词组,若将信息量阈值设置为较大的常数,则表示新出现的词组带来较大的信息熵。

在一个方案中,在获取全局样本作品时,可先获取输入的文学作品的篇幅或字数,然后选取与输入的文学作品篇幅或字数差值小于字数阈值的文学作品添加到全局样本作品中,从而减少篇幅或篇幅所代表的文学形式对作者用词产生的影响,提高识别的准确率。

作者信息熵获取模块 106,用于获取与目标作者对应的作者样本作品及作者样本作品的信息熵。

全局样本作品中可有多个文学作品对应同一作者。可根据作者将全局样本作品划分为多组文学作品。然后遍历该多组文学作品,判断输入的文学作品与哪组文学作品较相似。在判断时,遍历到的一组文学作品对应的同一作者即为作者样本作品,其对应的同一作者即为目标作者。

在本方案中,如图 4.12 所示,文学作品作者识别装置还包括作者分词模块 112,用于在全局样本作品中获取与目标作者对应的作者样本作品;对作者样本作品进行分词,得到分词词组及其对应的作者出现频率。

作者出现频率即对作者样本作品进行分词后得到的分词词组在该作者样本作品中的出现频率。

在本方案中,作者分词模块 112 可根据公式

$$T_k = \frac{q_k}{\sum_{k=1}^{l} q_k}$$

得到作者出现频率。其中,T_k 为作者样本作品中第 k 个分词词组的作者出现频率;q_k 为作者样本作品中第 k 个分词词组的出现次数;l 为对作者样本作品进行分词后得到的内容不同的分词词组的总个数。

进一步的,如图 4.12 所示,文学作品作者识别装置还包括作者信息熵计算模块 114,

用于根据分词词组的作者出现频率及其对应的信息量计算作者样本作品的信息熵。

在本方案中,作者信息熵计算模块 114 可根据公式

$$H_t = \sum_{k=1}^{l} T_k I_k$$

计算作者样本作品的信息熵。其中,H_t 为作者样本作品的信息熵;T_k 为作者样本作品中第 k 个分词词组的出现频率;I_k 为该第 k 个分词词组的信息量;l 为对作者样本作品进行分词后得到的内容不同的分词词组的总个数。

可根据上述公式分别计算全局样本作品中对应同一目标作者的多个作者样本作品的信息熵。

可缓存计算得到的作者样本作品的信息熵。在执行过程中,当缓存中已存储有作者样本作品的信息熵时,可在缓存中直接获取,从而不用重复计算。

作者识别模块 108,用于通过比较作者样本作品的信息熵和输入的文学作品的信息熵识别输入的文学作品的作者是否为目标作者。

在一个方案中,作者识别模块 108 可用于根据输入的文学作品的信息熵 H_{input}、作者样本作品的信息熵的平均值 U、平均变化量 V 和最大变化量 $V_{\max}$ 判断输入的文学作品的作者是否为目标作者。

在本方案中,作者识别模块 108 可用于计算作者样本作品的信息熵的平均值 U。

例如,作者识别模块 108 可根据公式

$$U = \frac{\sum_{t=1}^{N} H_t}{N}$$

计算作者样本作品的信息熵的平均值 U。其中,N 为全局样本作品中对应了目标作者的作者样本作品的个数;H_t 为对应目标作者的第 t 个作者样本作品的信息熵。

作者识别模块 108 可用于根据平均值 U 计算作者样本作品的信息熵的平均变化量 V。

例如,作者识别模块 108 可根据公式

$$V = \frac{\sum_{t=1}^{N} |H_t - U|}{N}$$

计算作者样本作品的信息熵的平均变化量 V。其中,N 为全局样本作品中对应了目标作者的作者样本作品的个数;H_t 为对应目标作者的第 t 个作者样本作品的信息熵;U 为作者样本作品的信息熵的平均值。

作者识别模块 108 可用于根据平均值 U 计算作者样本作品的信息熵的最大变化量 $V_{\max}$。

例如,作者识别模块 108 可根据公式

$$V_{\max} = \operatorname*{Max}_{t=1}^{N}(|H_t - U|)$$

计算作者样本作品的信息熵的平均变化量 $V_{\max}$。其中,N 为全局样本作品中对应了目标作者的作者样本作品的个数;H_t 为对应目标作者的第 t 个作者样本作品的信息熵;U 为

作者样本作品的信息熵的平均值；V_{max} 即为 $|H_t - U|$ 的最大值。

若 H_{input} 属于 $U-V$ 至 $U+V$ 的数值范围区间内，则作者识别模块 108 得到识别结果：输入的文学作品的作者为目标作者。

若 H_{input} 不属于 $U-V$ 至 $U+V$ 的数值范围区间内，但属于 $U-V_{max}$ 至 $U+V_{max}$ 的数值范围区间内，则作者识别模块 108 得到识别结果：输入的文学作品的作者可能为目标作者。

若 H_{input} 不属于 $U-V_{max}$ 至 $U+V_{max}$ 的数值范围区间内，则作者识别模块 108 得到识别结果：输入的文学作品的作者不为目标作者。

上述文学作品作者识别方法及装置，对输入的文学作品进行了分词，根据分词得到的分词词组的出现频率计算输入的文学作品的信息熵，并获取了与目标作者对应的多个作者样本作品的信息熵，然后通过比较信息熵得到输入的文学作品与目标作者的作者样本作品的近似程度，从而判断输入的文学作品的作者是否为目标作者。由于同一作者的文学作品通常文风相同，用词习惯通常类似，因此根据香农的信息论原理，其信息熵也较相似，因此，准确度较高。

第 5 章 自适应大数据智慧计算原理与方法

自适应大数据智慧计算原理与方法,通过感知大数据的环境因素和用户需求来更好地利用大数据为用户提供更好的服务。正是利用了自适应大数据智慧计算原理与方法,才使得云计算系统可以适应不同的网络环境、服务端环境、客户端环境,来调用不同的模块,从而使得云计算系统可用性更高(5.1 节);才使得超级计算机可以根据任务对节点的具体需求,将任务调度到相应计算能力的节点,从而使得超级计算效率提高(5.2 节);才使得广告可以根据网页内容进行插入,提高网页用户对广告的兴趣(5.3 节)。

5.1 云 计 算

一种自适应云计算方法,包括以下步骤:对云计算网络中的资源进行实时监控;获取资源占用率和资源剩余能力;根据所述资源占用率和资源剩余能力调用相应的模块进行计算。一种自适应云计算系统,包括:资源监控模块,用于对云计算网络中的资源进行实时监控,获取资源占用率和资源剩余能力;调度模块,与所述资源监控模块相连,用于根据所述资源占用率和资源剩余能力调用相应的模块进行计算。采用上述方法和系统,能够根据环境自适应调整计算,提高计算性能。

5.1.1 现有云计算技术的不足

云计算是指将计算分布在大量的分布式计算机上,使用云计算平台通过网络为用户提供信息服务称为"云服务"。传统的云计算方法中,默认为云计算资源能够充分满足用户需求,并且默认为网络带宽足够、网络永远畅通。然而实际上,云计算资源也有缺乏的时候,当资源缺乏时,按照默认的充分满足用户需求的方式进行计算,会大大降低云计算的性能。

5.1.2 自适应云计算的原理

一种自适应云计算方法,包括以下步骤:

对云计算网络中的资源进行实时监控;

获取资源占用率和资源剩余能力;

根据所述资源占用率和资源剩余能力调用相应的模块进行计算。

优选的,所述资源包括计算资源、存储资源和网络资源,所述计算资源为 CPU 占用率和 CPU 剩余能力,所述存储资源包括内存占用率、内存剩余能力和外存占用率、外存剩余能力,所述网络资源为网络带宽。

优选的,所述方法还包括根据所述资源占用率和资源剩余能力调整模块计算参数并根据调整后的计算参数进行计算的步骤。

优选的,所述方法还包括在网络畅通时统计计算过程中模块被调用的次数以及数据被用户使用的次数,将所述模块被调用的次数超过第一阈值的模块以及被用户使用的次数超过第二阈值的数据下载到本地并存储的步骤。

优选的,所述方法还包括在网络断开或服务端资源不可用时调用本地存储的模块和数据进行计算的步骤。

此外,还有必要提供一种能根据环境自适应调整计算从而提高计算性能的自适应云计算系统。

一种自适应云计算系统,包括:

资源监控模块,用于对云计算网络中的资源进行实时监控,获取资源占用率和资源剩余能力;

调度模块,与所述资源监控模块相连,用于根据所述资源占用率和资源剩余能力调用相应的模块进行计算。

优选的,所述资源包括计算资源、存储资源和网络资源,所述计算资源为 CPU 占用率和 CPU 剩余能力,所述存储资源包括内存占用率、内存剩余能力和外存占用率、外存剩余能力,所述网络资源为网络带宽。

优选的,所述系统还包括用于根据所述资源占用率和资源剩余能力调整模块计算参数并根据调整后的计算参数进行计算的调整模块。

优选的,所述系统还包括用于在网络畅通时统计计算过程中模块被调用的次数以及数据被用户使用的次数的统计模块和用于将所述模块被调用的次数超过用于第一阈值的模块以及被用户使用的次数超过第二阈值的数据下载到本地并存储的下载模块。

优选的,所述调度模块还用于在网络断开或服务端资源不可用时调用本地存储的模块和数据进行计算。

上述自适应云计算方法和系统,通过对云计算网络中的资源进行实时监控,根据得到的资源占用率和剩余能力调用相应的模块进行计算,能在资源缺乏可调用耗资源少的模块进行计算,因此能根据环境自适应调整计算,从而提高了计算性能。

5.1.3　自适应云计算的方法

图 5.1 示出了一个方案中的自适应云计算方法流程,该方法流程包括以下步骤:

步骤 S100,对云计算网络中的资源进行实时监控。云计算网络中的资源包括计算资源、存储资源和网络资源,其中,计算资源可以是 CPU 占用率和 CPU 剩余能力等;存储资源包括内存资源和外存资源,内存资源可以是内存占用率和内存剩余能力,外存资源可以是外存占用率和外存剩余能力;网络资源可以是网络带宽。

步骤 S200,获取资源占用率和资源剩余能力。获取到资源占用率和资源剩余能力,即可得知当前的资源是否能充分满足用户的需求。

步骤 S300,根据资源占用率和资源剩余能力调用相应的模块进行计算。该方案中,后台服务器可运行多种模块或版本,不同的模块或版本进行计算时所消耗的资源不同。可预先设定阈值,当资源占用率超过阈值或资源剩余能力小于阈值时,则认为当前的资源比较缺乏,不能充分满足用户的需求,则调用消耗资源少的模块进行计算,反之,当资源占

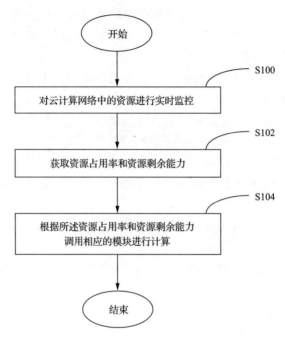

图 5.1　一个方案中自适应云计算方法的流程图

用率没有超过预设阈值或资源剩余能力大于阈值时,认为当前资源充足,可调用消耗资源多的模块进行计算。例如,执行视频编码时,获取到当前的资源比较缺乏,则可调用显示分辨率较低的模块进行编码计算,当资源充足时,再调用显示分辨率高的模块进行编码计算。这样,根据环境能自适应调整计算,提高计算性能。

在一个方案中,上述方法还包括根据资源占用率和资源剩余能力调整模块计算参数并根据调整后的计算参数进行计算的步骤。例如,执行视频编码计算时,当前的资源比较缺乏时,则调整显示分辨率较低,资源充足时,再将显示分辨率调高。

在另一个方案中,上述方法还包括在网络畅通时统计计算过程中模块被调用的次数以及数据被用户使用的次数,将模块被调用的次数超过第一阈值的模块已经被用户使用的次数超过第二阈值的数据下载到本地并存储的步骤。在网络断开或服务端资源不可用时,则调用本地存储的模块和数据进行计算。从而保证了用户的业务在任何情况下都可以使用。

图 5.2 示出了一个方案中的自适应云计算的系统结构,该系统包括资源监控模块 100 和调度模块 200。其中,资源监控模块 100 用于对云计算网络中的资源进行实时监控,获取资源占用率和资源剩余能力;调度模块 200 与资源监控模块 100 相连,用于根据资源占用率和资源剩余能力调用相应的模块进行计算。云计算网络中的资源包括计算资源、存储资源和网络资源,其中,计算资源可以是 CPU 占用率和 CPU 剩余能力;存储资源包括内存资源和外存资源,内存资源可以是内存占用率和内存剩余能力,外存资源可以是外存占用率和外存剩余能力;网络资源可以是网络带宽。

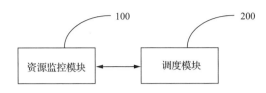

图 5.2　一个方案中自适应云计算系统的结构框图

图 5.3 示出了另一个方案中的自适应云计算的系统结构,该系统除了包括上述资源监控模块 100 和调度模块 200 外,还包括调整模块 300、统计模块 400 和下载模块 500。其中:

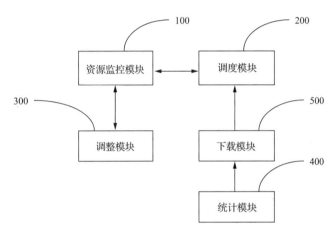

图 5.3　另一个方案中自适应云计算系统的结构框图

调整模块 300 用于根据资源占用率和资源剩余能力调整模块计算参数并根据调整后的计算参数进行计算。

统计模块 400 用于在网络畅通时统计计算过程中模块被调用的次数以及数据被用户使用的次数。下载模块 500 用于将所述模块被调用的次数超过用于第一阈值的模块以及被用户使用的次数超过第二阈值的数据下载到本地并存储。该方案中,调度模块 200 还用于在网络断开或服务端资源不可用时调用本地存储的模块和数据进行计算。

上述自适应云计算方法和系统,通过对云计算网络中的资源进行实时监控,根据得到的资源占用率和剩余能力调用相应的模块进行计算,能在资源缺乏可调用耗资源少的模块进行计算,因此能根据环境自适应调整计算,从而提高了计算性能。

5.2　超级计算机的调度

本方法提供了一种超级计算机的自适应调度系统及方法。所述方法包括:收集超级计算机中各节点的节点信息;获取并行程序的优先模式及对节点的能力要求,根据所述优先模式和对节点的能力要求以及所述节点信息,计算得到节点的调度优先度;根据所述节点的调度优先度生成节点列表,以及根据所述节点列表将并行程序调度到相应节点。采用本方法提供的超级计算机的自适应调度系统及方法,能合理分配超级计算机的资源,从而提高了并行程序的运行效率。

5.2.1　现有超级计算机调度技术的不足

超级计算机,是指多个计算节点组合起来的能平行进行大规模计算或数据处理的计算机,也称为并行计算机。目前,并行环境在运行时,需指定一个节点列表,执行并行程序时则根据节点列表将并行程序调度到相应的计算节点。现有的节点列表大都事先由用户给定或管理员设定好的,也有动态生成的节点列表,但仅考虑了各节点的综合负载能力。由于现有的节点列表未充分考虑到不同的并行程序对节点的各种能力要求,运行并行程序的节点若达不到程序的能力要求,则可能会降低程序的运行效率和速度,从而影响超级计算机的性能。

5.2.2　超级计算机自适应调度的原理

所述超级计算机的自适应调度系统包括:节点信息收集模块,用于收集超级计算机中各节点的节点信息;运算模块,与所述节点信息收集模块相连,根据所述节点信息以及并行程序的优先模式和对节点的能力要求,计算得到节点的调度优先度;节点列表生成模块,与所述运算模块相连,根据所述节点的调度优先度生成节点列表;调度模块,与所述节点列表生成模块相连,根据所述节点列表将并行程序调度到对应节点。

所述系统还包括:程序设定模块,与所述运算模块相连,用于设定并行程序的优先模式和对节点的能力要求。

所述运算模块包括:节点优先度计算模块,用于根据所述节点信息计算得到节点的优先度信息;节点优先度选择模块,与所述节点优先度计算模块相连,根据所述并行程序的优先模式,从所述节点的优先度信息中选择与所述优选模式对应的优先度;符合度计算模块,用于将所述并行程序对节点的能力要求与所述节点信息进行对比,获取节点对并行程序能力要求的符合度;调度优先度计算模块,与所述符合度计算模块相连,根据所述与优先模式对应的优先度和所述符合度,计算得到节点的调度优先度。

所述调度模块用于判断调度优先度最大的节点是否能达到并行程序对节点的能力要求,若是,则将所述并行程序调度到该节点,否则,通知所述运算模块重新计算节点的调度优先度。

所述超级计算机的自适应调度方法包括:收集超级计算机中各节点的节点信息;获取并行程序的优先模式及对节点的能力要求,根据所述优先模式和对节点的能力要求以及所述节点信息,计算得到节点的调度优先度;根据所述节点的调度优先度生成节点列表,以及根据所述节点列表将并行程序调度到相应节点。

所述方法还包括:设定并行程序的优先模式和对节点的能力要求。

计算节点的调度优先度的步骤包括:根据所述节点信息获取节点的优先度信息;根据所述并行程序的优先模式,从所述节点的优先度信息中选择与所述优先模式对应的优先度;将所述并行程序对节点的能力要求与所述节点信息进行对比,获取节点对并行程序能力要求的符合度;根据所述与优先模式对应的优先度和所述符合度,计算得到节点的调度优先度。

根据节点的调度优先度生成节点列表的步骤包括:选择调度优先度最大的节点,将所述节点的节点地址和/或其对应的处理器地址和/或内核地址加入所述节点列表中。

根据节点的调度优先度生成节点列表的步骤还包括:生成节点列表之前清空节点列表。

根据节点列表将并行程度调度到对应节点的步骤包括:根据所述调度优先度最大的节点的节点信息,判断所述节点信息是否能达到并行程序对节点的能力要求,若是,则将所述并行程序调度到该节点,否则,重新计算各节点的调度优先度。

上述超级计算机的自适应调度系统及方法,通过收集各节点的节点信息,并根据节点信息及并行程序对节点的能力要求动态生成节点列表,所生成的节点列表充分考虑到并行程序对优先模式及节点的各种能力要求,能合理分配超级计算机的资源,从而提高了并行程序的运行效率。

5.2.3   超级计算机自适应调度的方法

图 5.4 示出了一个方案中的超级计算机的自适应调度系统,该系统包括节点信息收集模块 100、程序设定模块 200、运算模块 300、节点列表生成模块 400 及调度模块 500。其中:

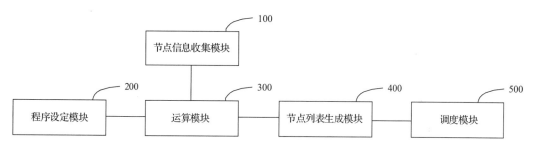

图 5.4   一个方案中超级计算机的自适应调度系统的结构示意图

节点信息收集模块 100 用于收集超级计算机中各节点的节点信息。

程序设定模块 200 用于设定并行程序的优先模式和对节点的能力要求。

运算模块 300 分别与节点信息收集模块 100 及程序设定模块 200 相连,根据节点信息以及并行程序的优先模式和对节点的能力要求,计算得到节点的调度优先度。

节点列表生成模块 400 与运算模块 300 相连,根据节点的调度优先度生成节点列表。

调度模块 500 与节点列表生成模块 400 相连,根据节点列表将并行程序调度到相应节点。

在一个实施方式中,节点信息收集模块 100 收集的节点信息包括节点的剩余能力,所谓节点的剩余能力,是指超级计算机中各节点可供支配的剩余的能力,如剩余的计算能力(可以是浮点运算次数等)、剩余的存储能力(可以是内存大小等)、剩余的网络带宽(可以是每秒传输的字节数等)以及温度等信息。程序设定模块 200 事先设定的并行程序对节点的能力要求也可包括计算能力、存储能力、网络带宽以及温度等。在一个方案中,节点信息收集模块 100 可定时收集节点信息。

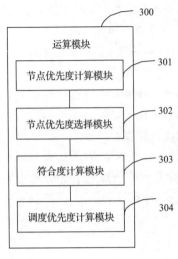

图 5.5 运算模块的结构示意图

图 5.5 示出了图 5.4 中的运算模块 300,该运算模块 300 包括节点优先度计算模块 301、节点优先度选择模块 302、符合度计算模块 303 和调度优先度计算模块 304。其中:

节点优先度计算模块 301 用于根据节点信息计算得到节点的优先度信息。在一个实施方式中,节点优先度计算模块 301 可定制某一特定函数来根据收集到的节点信息计算得到节点的优先度信息。优先度信息可包括综合优先度、计算优先度、存储优先度、网络优先度、稳定优先度等,也可包括计算存储优先度、计算网络优先度、存储网络优先度等。

在一个方案中,节点优先度计算模块 301 定制函数 f,对于某一个节点 i,节点信息收集模块 100 收集到其剩余运算能力为 A_i,剩余存储能力为 B_i,剩余网络带宽为 C_i,温度为 D_i 等,则节点优先度计算模块 301 通过函数 f 计算综合优先度 $E_i = f(A_i, B_i, C_i, D_i)$、计算优先度 $F_i = f(A_i)$、存储优先度 $G_i = f(B_i)$、网络优先度 $H_i = f(C_i)$、稳定优先度 $I_i = f(D_i)$,其中,节点优先度计算模块 301 定制的函数需遵循 A_i 越大则 E_i 越大、且 B_i 越大则 E_i 越大,且 C_i 越大则 E_i 越大,且 D_i 越大则 E_i 越小的原则。例如,节点优先度计算模块 301 可采用以下函数计算节点 i 的综合优先度 E_i、计算优先度 F_i、存储优先度 G_i、网络优先度 H_i 以及稳定优先度 I_i:

$$E_i = A_i/A_{\text{all}} + B_i/B_{\text{all}} + C_i/C_{\text{all}} - D_i/D_{\text{all}}$$
$$F_i = A_i/A_{\text{all}}$$
$$G_i = B_i/B_{\text{all}}$$
$$H_i = C_i/C_{\text{all}}$$
$$I_i = 1 - D_i/D_{\text{all}}$$

其中,A_{all} 是节点 i 的总计算能力;B_{all} 是节点 i 的总存储能力;C_{all} 是节点 i 的总网络带宽;D_{all} 是节点 i 所能容忍的最高温度。

节点优先度选择模块 302 与节点优先度计算模块 301 相连,根据并行程序的优先模式,从节点的优先度信息中选择与所述优先模式对应的优先度。在一个实施方式中,程序设定模块 200 事先设定了并行程序的优先模式,这里的优先模式可包括计算优先、存储优先及网络优先等,可根据并行程序的特性设定每个并行程序不同的优先模式。节点优先度选择模块 302 根据并行程序的优先模式,从节点的优先度信息中选择与该优先模式对应的优先度。例如,并行程序的优先模式是计算优先,则节点优先度选择模块 302 选择节点的计算优先度,以此类推。

符合度计算模块 303 用于将并行程序对节点的能力要求与节点信息进行比对,获取节点对并行程序能力要求的符合度。在一个实施方式中,程序设定模块 200 事先设定了并行程序对节点的能力要求,如运行该并行程序的可用内存大小不能小于 M、运行该并行程序的可用浮点运算次数不能小于 F、运行该并行程序的可用带宽不能小于 C、运行并行程序的节点温度不能大于 T 等。符合度计算模块 303 可定制一个特定函数 h，根据并行程序的能力要求及节点信息计算得到节点对并行程序能力要求的符合度。例如，对于某一个节点 i，符合度计算模块 303 定制函数 $U_i = h(B_i/M, A_i/F, C_i/C, D_i/T)$，其中 h 需遵循节点 i 的剩余能力越大于其限定值时，U_i 越大，越小于其限定值时，U_i 越小，当节点 i 的剩余能力等于其限定值时 $U_i = 1$。

调度优先度计算模块 304 与符合度计算模块 303 相连，根据上述与优先模式对应的优先度和计算得到的符合度，计算得到节点的调度优先度。在一个实施方式中，调度优先度计算模块 304 可定制一个特定的函数 w 来计算节点的调度优先度。例如，对于节点 i，并行程序的优先模式是计算优先，节点优先度选择模块 302 则从节点优先度信息中选择计算优先度 F_i，符合度计算模块 303 计算节点 i 对并行程序能力要求的符合度为 U_i，则调度优先度计算模块 304 计算节点 i 的调度优先度为 $S_i = w(F_i, U_i)$，其中，函数 w 需遵循 F_i 越大则 S_i 越大，U_i 越大则 S_i 越大的原则。例如，可采用如下函数计算节点 i 的调度优先度：

$$S_i = F_i \times U_i$$

其中，F_i 是节点 i 的计算优先度；U_i 是节点 i 对并行程度能力要求的符合度。

在一个方案中，调度优先度计算模块 304 计算得到各节点的调度优先度后，节点列表生成模块 400 则选择调度优先度最大的节点，并将该节点对应的节点地址加入节点列表中。对于以节点的中央处理器 (CPU) 或其内核为单位进行调用的并行程序，则还可将节点对应的 CPU 地址和/或其内核地址一并加入节点列表中，这里的 CPU 地址可以是 CPU 编号或计算机名，内核地址也可以内核编号等。节点列表生成模块 400 在生成节点列表之前，可清空一次节点列表。

在一个方案中，调度模块 500 可进一步判断调度优先度最大的节点是否能达到并行程序对节点的能力要求，若是，则根据节点列表将并行程序调度到对应节点，否则，通知运算模块 300 重新计算节点的调度优先度。即当运算模块 300 计算得到的调度优先度最大的节点达不到并行程度对节点的能力要求时，则运算模块 300 根据节点信息收集模块 100 动态收集到的节点信息继续计算节点的调度优先度，直到所选的调度优先度最大的节点能达到并行程序对节点的能力要求。

这样，针对不同应用的并行程序，通过上述系统可找到最适合运行该并行程序的节点，实现了超级计算机资源的合理分配，同时提高了并行程序的运行效率。

图 5.6 示出了一个方案中的超级计算机的自适应调度方法流程，具体过程如下：

步骤 S301，收集超级计算机中各节点的节点信息。

步骤 S302，获取并行程序的优先模式及对节点的能力要求，根据优先模式及对节点的能力要求和所述节点信息，计算得到节点的调度优先度。

步骤 S303，根据节点的调度优先度生成节点列表，以及根据节点列表将并行程序调度到相应节点。

在一个实施方式中，所收集的节点信息包括节点的剩余能力，如剩余的计算能力（可以是浮点运算次数等）、剩余的存储能力（可以是内存大小等）、剩余的网络带宽（可以是每秒传输的字节数等）以及温度等信息。在一个方案中，节点信息收集模块 100 可定时收集节点信息。

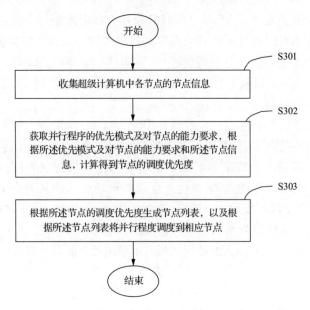

图 5.6　一个方案中超级计算机的自适应调度方法的流程图

上述实施方式中,程序设定模块 200 可事先设定并行程序的优先模式及对节点的能力要求,其中,优先模式可包括计算优先、存储优先及网络优先等,对节点的能力要求可包括计算能力、存储能力、网络带宽以及温度等。

图 5.7 示出了一个方案中计算节点调度优先度的方法流程图,具体过程如下:

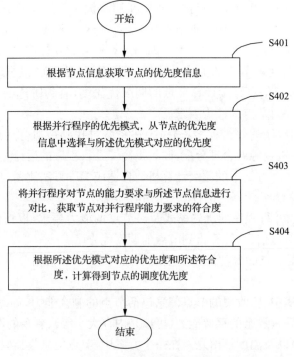

图 5.7　一个方案中计算节点调度优先度的方法流程图

步骤 S401,根据节点信息获取节点的优先度信息。

在一个实施方式中,节点优先度计算模块 301 可定制某一特定函数来根据收集到的节点信息计算得到节点的优先度信息。优先度信息可包括综合优先度、计算优先度、存储优先度、网络优先度、稳定优先度等,也可包括计算存储优先度、计算网络优先度、存储网络优先度等。

在一个方案中,节点优先度计算模块 301 定制函数 f,对于某一个节点 i,节点信息收集模块 100 收集到其剩余运算能力为 A_i,剩余存储能力为 B_i,剩余网络带宽为 C_i,温度为 D_i 等,则节点优先度计算模块 301 通过函数 f 计算综合优先度 $E_i = f(A_i, B_i, C_i, D_i)$、计算优先度 $F_i = f(A_i)$、存储优先度 $G_i = f(B_i)$、网络优先度 $H_i = f(C_i)$、稳定优先度 $I_i = f(D_i)$,其中,节点优先度计算模块 301 定制的函数需遵循 A_i 越大则 E_i 越大,且 B_i 越大则 E_i 越大,且 C_i 越大则 E_i 越大,且 D_i 越大则 E_i 越小的原则。例如,节点优先度计算模块 301 可采用以下函数计算节点 i 的综合优先度 E_i、计算优先度 F_i、存储优先度 G_i、网络优先度 H_i 以及稳定优先度 I_i:

$$E_i = A_i/A_{\text{all}} + B_i/B_{\text{all}} + C_i/C_{\text{all}} - D_i/D_{\text{all}}$$
$$F_i = A_i/A_{\text{all}}$$
$$G_i = B_i/B_{\text{all}}$$
$$H_i = C_i/C_{\text{all}}$$
$$I_i = 1 - D_i/D_{\text{all}}$$

其中,A_{all} 是节点 i 的总计算能力;B_{all} 是节点 i 的总存储能力;C_{all} 是节点 i 的总网络带宽;D_{all} 是节点 i 所能容忍的最高温度。

步骤 S402,根据并行程序的优先模式,从节点的优先度信息中选择与该优先模式对应的优先度。

在一个实施方式中,程序设定模块 200 可根据并行程序的特性设定每个并行程序不同的优先模式。节点优先度选择模块 302 根据并行程序的优先模式,从节点的优先度信息中选择与该优先模式对应的优先度。例如,并行程序的优先模式是计算优先,则节点优先度选择模块 302 选择节点的计算优先度,以此类推。

步骤 S403,将并行程序对节点的能力要求与节点信息进行对比,获取节点对并行程序能力要求的符合度。

在一个实施方式中,程序设定模块 202 事先设定了并行程序对节点的能力要求,如运行该并行程序的可用内存大小不能小于 M、运行该并行程序的可用浮点运算次数不能小于 F、运行该并行程序的可用带宽不能小于 C、运行并行程序的节点温度不能大于 T 等。符合度计算模块 303 可定制一个特定函数 h,根据并行程序的能力要求及节点信息计算得到节点对并行程序能力要求的符合度。例如,对于某一个节点 i,符合度计算模块 303 定制函数 $U_i = h(B_i/M, A_i/F, C_i/C, D_i/T)$,其中 h 需遵循节点 i 的剩余能力越大于其限定值时,U_i 越大,越小于其限定值时,U_i 越小,当节点 i 的剩余能力等于其限定值时 $U_i = 1$。

步骤 S404,根据优先模式对应的优先度和所述符合度,计算得到节点的调度优先度。

在一个实施方式中,调度优先度计算模块 304 可定制一个特定的函数 w 来计算节点的调度优先度。例如,对于节点 i,并行程序的优先模式是计算优先,节点优先度选择模块

302 则从节点优先度信息中选择计算优先度 F_i,符合度计算模块 303 计算节点 i 对并行程序能力要求的符合度为 U_i,则调度优先度计算模块 304 计算节点 i 的调度优先度为 $S_i = w(F_i, U_i)$,其中,函数 w 需遵循 F_i 越大则 S_i 越大,U_i 越大则 S_i 越大的原则。例如,可采用如下函数计算节点 i 的调度优先度 S_i:

$$S_i = F_i \times U_i$$

其中,F_i 是节点 i 的计算优先度;U_i 是节点 i 对并行程度能力要求的符合度。

图 5.8 示出了一个方案中的超级计算机的自适应调度方法流程,具体过程如下:

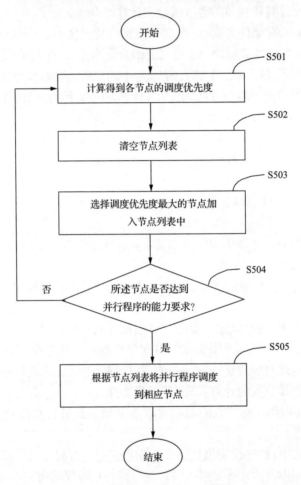

图 5.8　另一个方案中超级计算机的自适应调度方法的流程图

步骤 S501,计算得到各节点的调度优先度。关于调度优先度的计算过程上面已进行了详细阐述,在此则不再赘述。

步骤 S502,清空节点列表。由于并行程序调度的过程中,节点列表不断更新,为使之前的数据不影响新的节点列表,则可在生成新的节点列表之前清空一次节点列表。

步骤 S503,选择调度优先度最大的节点加入节点列表中。在一个方案中,调度优先度计算模块 304 计算得到各节点的调度优先度后,节点列表生成模块 400 则选择调度优先度最大的节点,并将该节点对应的节点地址加入节点列表中。对于以节点的 CPU 或其内核为单位进行调用的并行程序,则还可将节点对应的 CPU 地址和/或其内核地址一并加入节点列表中,这里的 CPU 地址可以是 CPU 编号或计算机名,内核地址也可以内核编号等。

步骤 S504,判断调度优先度最大的节点是否能达到并行程序的能力要求,若是,则执行步骤 S505,否则,返回步骤 S501。

步骤 S505,根据节点列表将并行程序调度到相应节点。此时,用于运行并行程度的节点能达到并行程序对节点的能力要求,正由于此,上述方法可找到最适合运行该并行程序的节点,实现了超级计算机资源的合理分配,同时提高了并行程序的运行效率。

5.3　网页广告的插入

本方法给出了一种面向对象的网页广告插入方法和系统,所述方法通过读取待插入广告的网页,识别所述网页包含的关键字或图像,并形成一对象集;查询广告库,计算所述广告库中各广告与所述对象集的相似度,并确定与所述对象集相似度最大的广告;将与对象集相似度最大的所述广告插入到所述网页或者所述网页的链接中或者弹出页面中。实现了根据网页内容有针对性地插入广告,使插入的广告与网页内容相关,提高了广告插入的效果,提升了广告插入的价值。且本方法网页广告插入方法和系统的实现方式简单,通过软件实现,不需要增加额外的硬件成本。

5.3.1　现有网页广告插入技术的不足

在现有的网页广告插入中,多将待插入的网页广告直接插到网页中或网页链接中或网页的弹出页面中,并不会根据网页的内容来插入网页广告,使得广告内容与网页本身的内容之间就不一定有相关性。例如,当网页中出现了车,却插入酒的广告或者其他的广告。这样的广告插入就显得不自然,且不能给用户留下更深的印象,使广告插入的效果大大降低,降低广告插入的价值。

因此,现有技术还有待于改进和发展。

5.3.2　网页广告自适应插入的原理

本方法要解决的技术问题在于,针对现有技术的上述缺陷,提供一种面向对象的网页广告插入方法和系统,实现根据网页内容有针对性地插入广告,提高广告插入效果。

本方法解决技术问题所采用的技术方案如下:

一种面向对象的网页广告插入方法,其中,包括步骤:

A. 读取待插入广告的网页,识别所述网页包含的关键字或图像,并形成一对象集;

B. 查询广告库,计算所述广告库中各广告与所述对象集的相似度,并从所述广告库的各广告中查找出与所述对象集的相似度最大的广告;

C. 控制将与对象集相似度最大的所述广告插入到所述网页或者所述网页的链接中或者弹出页面中。

所述的面向对象的网页广告插入方法,其中,所述对象集中包括有多个对象,每个对象为一个关键字或者图像。

所述的面向对象的网页广告插入方法,其中,所述步骤 B 进一步包括:

B1. 分别计算所述广告库中各广告与所述对象集中各对象的相似度,比较所有相似度的大小,找出最大相似度,并从所述广告库的各广告中查找出与所述对象集的相似度最大的广告。

所述的面向对象的网页广告插入方法,其中,所述步骤进一步包括:

C1. 对与对象集相似度最大的所述广告的类型进行判断,当所述广告的类型为静态图像或者文字时,将所述广告插入到所述网页中;当所述广告的类型为视频或者动态图像或者网页时,将所述广告插入到网页的链接或者弹出页面中。

一种面向对象的网页广告插入系统,其特征在于,所述系统包括:

网页获取模块,用于读取待插入广告的网页;

网页对象识别模块,用于所述网页获取模块获取的网页包含的关键字或图像,并形成一对象集;

相似度比较模块,用于计算所述广告库中各广告与所述对象集的相似度,并从所述广告库的各广告中查找出与所述对象集的相似度最大的广告;

广告插入模块,用于控制所述相似度比较模块确定的与对象集相似度最大的所述广告插入到所述网页或者所述网页的链接中或者弹出页面中。

所述的面向对象的网页广告插入系统,其中,所述相似度比较模块还用于分别计算所述广告库中各广告与所述对象集中各对象的相似度,比较所有相似度的大小,找出最大相似度,并从所述广告库的各广告中查找出与所述对象集的相似度最大的广告,其中,所述对象集中包括有多个对象,每个对象为一个关键字或者图像。

所述的面向对象的网页广告插入系统,其中,所述广告插入模块还包括:

广告类型判断模块,用于对所述相似度比较模块确定的与对象集相似度最大的所述广告的类型进行判断,以使所述广告插入模块根据所述广告的类型将所述广告插入到所述网页或者所述网页的链接中或者弹出页面中。

本方法所提供的面向对象的网页广告插入方法和系统,可以根据网页内容插入相应广告,使插入的广告与网页内容相关,提高了广告插入的效果,提升了广告插入的价值。

5.3.3　网页广告自适应插入的方法

参见图 5.9,图 5.9 是本方法提供的面向对象的网页广告插入方法的流程图,包括以下步骤:

步骤 S100,读取待插入广告的网页,识别所述网页包含的关键字或图像,并形成一对象集。

其中,为了增强广告与网页内容的相关行,在插入广告之前首先获取待插入广告的网页,从网页中设别出一系列关键字或图像等。例如,可以从网页标题中识别出一些关键字,这些关键字一般与网页内容的主题相关,也是观众比较感兴趣的,因此将这些关键字或者图像等识别出来能够尽可能地使广告内容与客户兴趣相关联。当然具体的识别过程

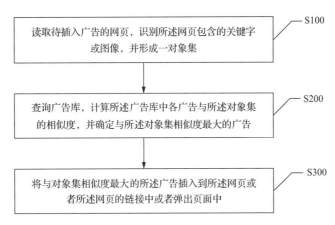

图 5.9　面向对象的网页广告插入方法的流程图

有多种,在此不一一赘述。本方案获取的网页也不限于一个。

定义每个关键字或者图像等为一个对象,将这些对象形成一个对象集。例如,对象集为 T,这些对象分别记 T_i,其中 $i = 1, 2, \cdots, n$,因此,本方法的对象有多个,如车、酒等。在本方案中,并不限于将每个关键字或者图像等为一个对象,也可以将关键字的组合定义为一个对象。

步骤 S200,查询广告库,计算所述广告库中各广告与所述对象集的相似度,并从所述广告库的各广告中查找出与所述对象集的相似度最大的广告。

其中,广告库中存储有待插入的广告,广告有数个,运营商可以自行更新。查询广告库,从广告库中调取各个广告,并计算所述广告库中各广告与所述对象集的相似度。在计算时,分别计算所述广告库中各广告与所述对象集中各对象的相似度,比较所有相似度的大小,并从所述广告库的各广告中查找出与所述对象集的相似度最大的广告。在比较所有相似度的大小时可以首先比较每个对象与各广告的相似度,找出每个对象的最大相似度,然后再比较所有对象的最大相似度,确定这些最大相似度中的最大值。

本方法中定义广告库为 A,广告为 A_j,其中,$j = 1, 2, \cdots, m$。每个对象与广告的相似度为 S_{ij},将 $S_{1j}, S_{2j}, \cdots, S_{nj}$ 中最大的相似度或平均值或其他综合后得到的值记为 S_j,求出 $S_1, S_2, \cdots, S_m$ 中最大的值对应的广告 A_j,记为 a,该广告即为需要插入的广告。由于在一个网页中插入的广告并不限于一个,因此将相似度最大的几个作为需要插入的广告。

步骤 S300,控制将与对象集相似度最大的所述广告插入到所述网页或者所述网页的链接中或者弹出页面中。

其中,在进行广告插入时,对与对象集相似度最大的所述广告的类型进行判断,当所述广告的类型为静态图像或者文字时,由于这些静态突袭那个或者文字占用空间较小,因此直接将所述广告插入到所述网页中;当所述广告的类型为视频或者动态图像或者网页时,由于这些视频、动态图像占用空间较大或者网页形式的广告无法直接在该网页中显示,因此将所述广告插入到网页的链接或者该链接的弹出页面中。

当然,为了使插入广告更加智能,可以对网页中各个对象进行标识,将与每个对象相似度最大的广告与该对象进行绑定,并对对象建立超链接,并将与每个对象相似度最大的广告插入到每个对象的超链接上或者该链接的弹出页面上,当用户点击该对象时可以直接播放该广告。通过这种方式可以增加广告的插入量,提升插入广告的价值。

下面以具体的方案对上述网页广告插入方法进行描述。

网页"http://123.com/ID=1234"显示的是一篇关于汽车的报道,讲述中国汽车的发展历程以及汽车中发动机以及轮胎的一些描述。为了在该网页中插入广告,首先获取该网页,并识别该网页中的一些对象,如汽车、发动机和轮胎三个对象,这三个对象组成一个对象集。其次,查询广告库,从广告库中可以查询到与汽车有关的广告有 A_1、A_2、A_3、A_4、A_5、A_6、A_7、A_8。分别计算汽车、发动机、轮胎这三个对象与广告 A_1、A_2、A_3、A_4、A_5、A_6、A_7、A_8 的相似度,其中,汽车与广告 A_1、A_2、A_3、A_4、A_5、A_6、A_7、A_8 的相似度分别为 10%、5%、50%、69%、3%、90%、83% 和 61%,发送机与广告 A_1、A_2、A_3、A_4、A_5、A_6、A_7、A_8 的相似度分别为 80%、25%、60%、9%、43%、34%、23% 和 50%,轮胎与广告 A_1、A_2、A_3、A_4、A_5、A_6、A_7、A_8 的相似度分别为 50%、45%、5%、20%、43%、9%、3% 和 1%。然后再分别找出汽车、发送机、轮胎与广告 A_1、A_2、A_3、A_4、A_5、A_6、A_7、A_8 的相似度最大值,分别为 90%、80% 和 50%,再从相似度最大值进行比较,确定最大相似度的值为 90%,该相似度是汽车与广告 A_6 的相似度,因此确定需要插入的广告为与对象汽车相关的广告 A_6。

上述方案仅仅用于解释本发方法的网页广告插入的过程,并不用于限定该过程,上述方案中列举的广告库较小,对于一些广告库较大的运营商来说,通过本方法的网页广告插入方法,能够快速高效地插入最契合网页内容的广告,且能够显著减少广告插入的成本。

基于上述面向对象的网页广告插入方法,本方法还提供了一种面向对象的网页广告插入系统,如图 5.10 所示,所述系统包括:

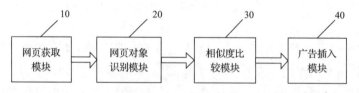

图 5.10　面向对象的网页广告插入系统的结构示意图

网页获取模块 10,用于读取待插入广告的网页;

网页对象识别模块 20,用于所述网页获取模块 10 获取的网页包含的关键字或图像,并形成一对象集;

相似度比较模块 30,用于计算所述广告库中各广告与所述对象集的相似度,并从所述广告库的各广告中查找出与所述对象集的相似度最大的广告;

广告插入模块 40,用于控制所述相似度比较模块 30 确定的与对象集相似度最大的所述广告插入到所述网页或者所述网页的链接中或者弹出页面中。

进一步的,相似度比较模块 30 还用于分别计算所述广告库中各广告与所述对象集中各对象的相似度,比较所有相似度的大小,找出最大相似度,并从所述广告库的各广告中查找出与所述对象集的相似度最大的广告。

如图 5.11 所示,所述广告插入模块 40 还包括:广告类型判断模块 41,用于对所述相

似度比较模块 30 确定的与对象集相似度最大的所述广告的类型进行判断,以使所述广告
插入模块 40 根据所述广告的类型将所述广告插入到所述网页或者所述网页的链接中或
者弹出页面中。具体的实现过程如上所述,在此不一一赘述。

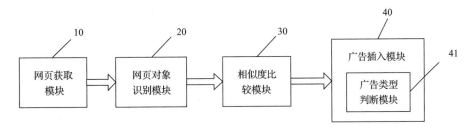

图 5.11　面向对象的网页广告插入系统的一优选方案的结构示意图

　　综上所述,本方法提供的面向对象的网页广告插入方法和系统,通过读取待插入广告
的网页,识别所述网页包含的关键字或图像,并形成一对象集;查询广告库,计算所述广告
库中各广告与所述对象集的相似度,并确定与所述对象集相似度最大的广告;将与对象集
相似度最大的所述广告插入到所述网页或者所述网页的链接中或者弹出页面中。实现了
根据网页内容有针对性的插入广告,使插入的广告与网页内容相关,提高了广告插入的效
果,提升了广告插入的价值。且本方法网页广告插入方法和系统的实现方式简单,通过软
件实现,不需要增加额外的硬件成本。

第6章 增量大数据智慧计算原理与方法

增量大数据智慧计算原理与方法,可以充分利用已有大数据的处理结果。正是利用了增量大数据智慧计算原理与方法,才使得数字城市的更新无法从头再来,减少了数字城市更新的成本(6.1 节);才使得知识库能与时俱进,逐渐扩展知识、提高知识的准确度(6.2 节);才使得进行更细粒度的比对时,无需重复比对粗粒度中已经匹配成功的视频段,从而减少了对比的工作量(6.3 节)。

6.1 数字城市的更新

本方法给出了一种数字城市的增量式自动生成及实时更新方法,其应用于通用计算机系统,利用已有的数字城市和知识库,并包括以下步骤:获取不同时间的遥感影像进行变化监测,生成一变化的影像图;在变化的影像图中进行物体识别,对识别出的物体与知识库中的三维模型进行匹配;将匹配返回的三维模型植入所述数字城市中的对应位置。本方法通过遥感技术,可以自动实现对数字城市的更新过程,其更新的数据以对比变化的为主,因此工作量降低,实现了实时的数字城市更新过程,能够为实际应用提供准确的参考。

6.1.1 现有数字城市更新技术的不足

现有的构建数字城市的技术,如图 6.1～图 6.3 所示,是三种常用的构建数字城市的

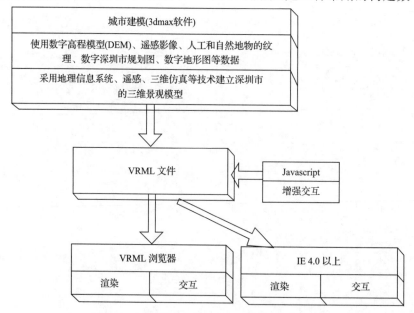

图 6.1 现有技术的数字城市生成技术示意图

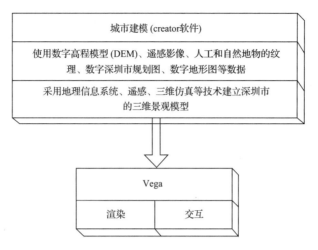

图 6.2　现有技术的另一种数字城市生成技术示意图

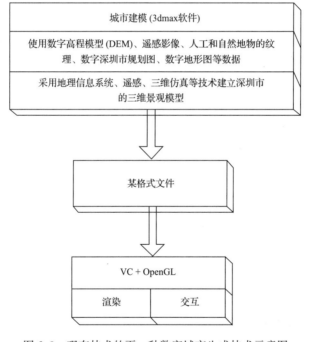

图 6.3　现有技术的再一种数字城市生成技术示意图

办法,与其他的方案相类似,只是建模和渲染的工具不同而已。上述方案的共同特征是:根据现场采集到的照片,进行手工三维建模,并手工标定各物体在城市场景中的位置,然后将各物体的三维模型手工加入到城市场景中的相应位置。

利用上述技术方案,一旦城市建模完毕后,数字城市就确定了,并不再改变,导致了如果几年后城市的面貌发生了很大的变化,以前的数字城市就不能反映实际的城市面貌,数字城市就需要完全重新制作,而实际上新版的数字城市和以前的数字城市在很多地方的工作是重复性的,但现有的技术无法利用该特性。

已有的数字城市都是利用手工建模技术形成的,如果已经设计了一个城市 I 在 A 时刻的数字城市 Ia,后来又要设计城市 I 在 B 时刻的数字城市 Ib,则城市 I 在 B 时刻的数字城市 Ib 会全新设计,而不会利用已经存在的城市 I 在 A 时刻的数字城市 Ia。因为现有的技术无法判别不同时刻的城市之间没有变化之处和已有变化之处,也就是说,现有技术在构建数字城市时所有的数字城市都从零开始重新研发,而不能利用已有的数字城市的研发成果,这是一种对已有数字城市研发成果的浪费,导致了很多重复性的研发工作,也导致数字城市的研发成本极高。

以 X 市为例说明,即使已经有一个 3 年前做的数字 X 市,3 年之间 X 市发生了很大的变化,如新增了一些建筑、改造了一些建筑、拆除了一些建筑等,所以 3 年前做的数字 X 市不能真实反映现在 X 市的真实面貌,需要做一个能反映 X 市现在面貌的数字 X 市。根据现有的技术,由于无法准确知道"新增了哪些建筑、改造了哪些建筑、拆除了哪些建筑"等 X 市所发生的变化,所以利用现有技术仍然需要带着照相机对城市中的所有物体一一拍照、一一手工建模,再将建好的模型一一手工标定并安置到数字城市场景中的合适位置,工作量非常之大,其构建过程与构建 3 年前的数字 X 市毫无差异。此过程需要耗费大量的人力(去采集照片、去手工建模、去手工标定并安置模型),耗费大量的财力(需要很多照相机供采集照片用,需要很多计算机供手工建模、手工标定并安置模型用),耗费大量的时间(建一个模型有时候就需要 1 天,一个城市中有成千上万的物体需要建模,如 X 市数字城市以现有技术最少需要 3 年的时间才能完成)。

而目前城市的发展是日新月异,官员想身临其境地指挥应急、查处违章,居民想足不出户地旅游,等等,这些只有在数字城市中才能做到。但是如果做一个数字城市需要花很长的时间,如利用现有的技术,数字 X 市需要 3 年时间,那人们在数字 X 市中所见的一切都是 3 年前的,会给城市应急、违章监测等带来灾难性的后果。事实上,X 市的变化的确是日新月异,每一天城市的面貌都会发生改变,所以数字城市需要至少在一天之内更新完毕才会有实际意义,才能使得该数字城市真正能代表和反映真实的城市,才能使得该数字城市上的应用能够真正发挥作用,才能为城市应急、违章监测、交通指挥、数字生活提供实时的支持。而现有的技术由于没有充分利用已有的数字城市成果,更新需要重复性工作,无法做到实时更新和实用化。

因此,现有技术存在缺陷,有待于改进和发展。

6.1.2　数字城市增量更新的原理

本方法的目的在于提供一种数字城市的增量式自动生成及实时更新方法,改变现有数字城市的手工建模方式,以及一次性使用现状,利用增量式自动生成的过程实现数字城市的重用,避免数字城市资源的浪费;并通过数字城市以往成果的重用,缩短数字城市研发的周期,提高数字城市研发的效率。

本方法的技术方案包括:

一种数字城市的增量式自动生成及实时更新方法,其应用于一通用计算机系统,利用已有的数字城市和知识库,并包括以下步骤:

A. 获取不同时间的遥感影像进行变化监测,生成一变化的影像图;

B. 在变化的影像图中进行物体识别, 对识别出的物体与知识库中的三维模型进行匹配;

C. 将匹配返回的三维模型植入所述数字城市中的对应位置, 实时生成后一时间的数字城市。

所述的方法, 其中, 所述步骤 A 还包括以下步骤:

A1. 找到不同时间的遥感影像中的同名点作为控制点自动提取, 包括角点, 拐点、道路交叉线的提取;

A2. 基于仿射变换模型的几何配准方法, 先寻找影像同名点, 代入建立的仿射变换模型, 通过多次计算得到最优仿射变换参数, 按照最优配准参数对输入图像进行坐标变换, 得到地理位置基本匹配的两时相图;

A3. 在两时相图上进行地物级别的比较, 得到变化的影像图 ΔP。

所述的方法, 其中, 所述步骤 A2 还包括在每次计算前剔除偏差最大的多个同名点。

所述的方法, 其中, 所述知识库的形成过程还设置一图像库, 其包括步骤:

D1. 从遥感影像中提取各种类型的个体有代表性的图像, 并且将这些有代表性的图像进行分类, 抽取其共性, 形成第一级特征图像;

D2. 在此级别中进行划分出子类, 并在各子类的所有图像中分别抽取共性, 给各子类分别赋予一个特征图像;

如此类推, 直到其划分基本上代表了该个体有代表性的各种类型为止。

所述的方法, 其中, 设置一模型库的分类结构与所述图像库的分类结构一致, 图像库中的一个图像与模型库中的一个模型相对应。

所述的方法, 其中, 所述模型库中的模型是使用建模的工具建起来的静态模型。

所述的方法, 其中, 所述模型库中的模型是使用参数描述的并在需要时实时渲染的三维模型。

所述的方法, 其中, 所述图像库与模型库之间的映射关系, 包括以下步骤:

D3. 根据图像库对遥感影像中的物体进行抽取和识别;

D4. 将抽取出来的物体与图像库中的相应类别的子类进行相似度比较, 并检索出图像库中与该物体相似度最大的图像, 并映射到模型库中相应的模型;

D5. 通过知识库对遥感影像中的个体进行自动建模。

所述的方法, 其中, 所述步骤 D5 还包括:

D51. 根据图像库中的第一级特征图像对遥感影像进行扫描, 得到每一个大类的物体的集合, 判断该物体与这些特征图像之间的相似度;

D52. 从图像库中找出该物体所属的最准确的分类。

所述的方法, 其中, 所述步骤 D52 包括:

D521. 将该物体图像与其所属分类的下一级分类的特征图像比较, 如果该个体图像与某一类的特征图像相似度最高, 则判断该个体图像属于该类;

D522. 将该个体图像与该类的下一级各特征图像进行分别匹配, 并算出其相似度, 找到相似度最大特征图像所属的类别, 作为该物体图像所属的类别;

如此类推, 直到其相似度达到预期要求。

本方法所提供的一种数字城市的增量式自动生成及实时更新方法,通过遥感技术,可以自动实现对数字城市的更新过程,其更新的数据以对比变化的为主,因此工作量降低,实现了实时的数字城市更新过程,能够为实际应用提供准确的参考。

6.1.3　数字城市增量更新的方法

本方法的数字城市的增量式自动生成及实时更新方法,以已有的数字城市为基础,在已有的数字城市的基础上,利用遥感影像的变化对已有的数字城市进行修正,从而达到数字城市自动生成与实时更新的目的。假设本方法获取不同时间 T_1、T_2 的遥感影像进行变化监测,生成一变化的影像图;其中 T_1 早于 T_2。如果 T_1 时间的数字城市 C_1 已经存在,则利用该 C_1;如果在 T_2 时间之前没有已经建成的数字城市,则可以利用前一个章节"一种数字城市全自动生成的方法"来生成 T_1 时间的数字城市 C_1。

一种数字城市全自动生成的方法可以概述如下:其利用了遥感影像,具体在一通用计算机首先要完成数字城市的制作,如图 6.4 所示。具体包括:通过阴影监测算法,监测出遥感影像上所有阴影的长度,关于阴影长度的计算是现有技术所公知的;将城市的遥感影像进行矢量化,从而获取不同城市物体的形状;并将物体的位置与阴影的位置进行匹配,从而获取物体的高度;关于矢量化的计算过程也是现有技术所公知的,因此,不再赘述;采集城市中各种建筑、车辆等的图像及其相应模型,放入知识库,分析遥感影像中的城市数据,将城市中的个体分类,如车辆、楼房等,并从遥感影像中抽取个人的特征图像,自动加入图像库,根据个体特征图像,经过人眼的识别判断加上实地采集该个体的三维信息,然后建模并加入模型库;根据图像库中不同物体的图像的特性在遥感影像中识别不同的物体,从而获取不同城市物体的类型及其顶座形状;该过程中根据图像库中每一类物体的二级特征图像对遥感影像中的该类物体进行匹配,从而识别各物体属于哪一子类;如此类推,直到识别的效果达到了要求,从而获取影像中所有城市物体的具体类型;根据城市物体的不同类型、底座形状、顶座的形状、高度结合模型库,自动生成城市物体的三维模型;根据 DEM 和遥感影像获取数字城市的地貌及其地形的高低起伏;将这些上述城市物体的三维模型,根据它们二维坐标的位置镶到具有高程的遥感影像中,到这一步就已经自动生成了数字城市。

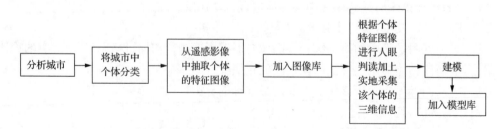

图 6.4　数字城市的增量式自动生成及实时更新方法中的建库流程示意图

本方法的数字城市的增量式自动生成及实时更新方法,如图 6.5 和图 6.6 所示,是本方法的整体方案构思,在现有技术的数字城市产生方式上,通过遥感图像的判断其变化之处,并结合已有的城市知识库,进行修订的建模处理,并最终产生实时的数字城市。

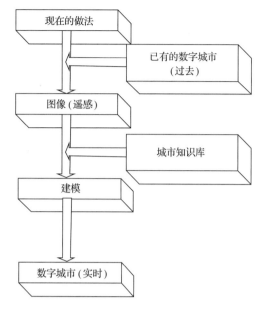

图 6.5　增量式数字城市自动生产方法的流程示意图

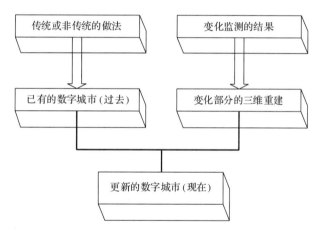

图 6.6　增量式数字城市实时更新的流程示意图

　　具体的计算过程为:城市 I 在 a 时刻的数字城市 I_a 和城市 I 从 a 时刻到 b 时刻为止发生的变化为 ΔI_{ab},自动生成城市 I 在 b 时刻的数字城市 $I_b = I_a + \Delta I_{ab}$,其中 a 时刻应早于 b 时刻。所以本方法利用已有的数字城市和城市发生的变化自动生成新的数字城市,充分利用了已有的数字城市资源,并把现实中城市的变化与数字城市结合起来,使得数字城市能和现实城市同步更新。

　　以 X 市为例说明,如图 6.7 和图 6.8 所示,X 市 S 在 X_1 年即 2000 年做过一个数字 X市 S_{2000}。到了 X_2 年即 2006 年,城市面貌也发生了很大的变化,所以需要再做一个数字 X市 S_{2006}。本方法技术方案就是拿 2000 年的 X 市遥感图像 $P(X_1) = P_{2000}$ 和 2006 年的 X 市遥感图像 $P(X_2) = P_{2006}$ 进行比较,找到变化的影像图 $\Delta P = P_{2006} - P_{2000}$。然后根据该变化的部分 ΔP,利用已有的城市知识库生成 ΔS,于是就可以得到 $S(X_2) = S_{2006} = S_{2000} + \Delta S$ 了。

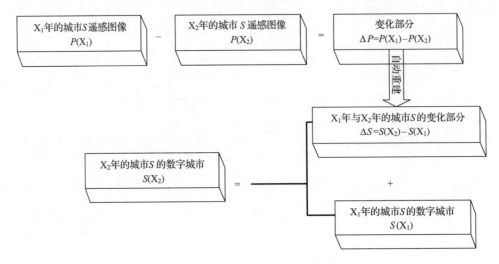

图 6.7　本方法的处理流程原理示意图

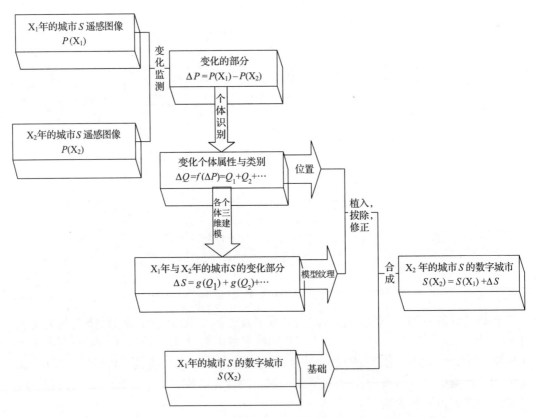

图 6.8　本方法的具体处理流程示意图

本方法的方案中主要有两步：

第一步，拿 2000 年的城市 S 遥感图像 P_{2000} 和 2006 年的城市 S 遥感图像 P_{2006} 进行比较，找到变化的影像图部分 $\Delta P = P_{2006} - P_{2000}$，该步骤中还包括以下过程：

第一阶段,找到两图同名点作为控制点自动提取,包括角点,拐点、道路交叉线等提取。在地物不同时,两图的控制点较难对应上,可能目标点个数差异较大。

第二阶段,计算几何配准仿射变换参数,根据同名点代入多项式,并剔除部分偏差太大的同名点。经过多次计算,得到最优参数,并根据此参数对图像做仿射变换,本阶段输出地物地理坐标基本对应的两时相图。

第三阶段,对两幅图上做地物级别的比较,得到变化的影像图 ΔP。这一步是变化监测效果的关键,也是难点所在,因为拍摄角度不同,阴影投射位置不同,就可能造成伪目标点。往往出现的情况是,变化的用地产生变化的图像,但变化的图像未必是变化的用地,因此本方法不是单纯的两图像素级比较而是提升到地物级对比,识别地物,以地物为单位进行比较,比如草地、建筑等。

第二步,根据遥感数据的变化的影像图部分 ΔP,同时利用城市 S 的知识库(该知识库在首次生成数字城市时已建立,并随时间推移可人工修订)生成变化的数字城市部分 ΔS,于是本方法就可以得到城市 S 的目前数字城市 $S_{2006}=S_{2000}+\Delta S$ 了。该步骤还包括具体的过程:

第一阶段,将第一步得到的遥感数据中变化的影像图部分 ΔP 中的物体 M,与知识库中的三维模型进行匹配,进行个体识别。如果物体与某一个三维建筑模型的匹配程度判断,判断匹配符合要求,则返回该三维模型。

第二阶段,将第一阶段返回的三维模型植入物体 M 所在的位置(经纬度),根据差异图 ΔP,在先前的数字城市 $S(X_1)$ 上进行植入、拔除、修正等操作,合成 X_2 年的数字城市。

下面更具体的说明本方法的处理过程。

第一步,监测城市的变化。先用不同年份的遥感影像进行变化监测生成一幅变化的影像图,然后在检测出的变化的区块上进行物体识别,对识别出的物体结合知识库,赋予其具体属性。例如,如果该物体是建筑,那么它的属性有高度、形状、纹理。

其处理流程如图 6.9 所示,遥感影像 1 和遥感影像 2 是不同年份的遥感图像,通过本方法的变化检测,即得到差异图,也即变化的影像图 ΔP,然后进行识别其物体特征和位置等,并通过其知识库识别物体属性。实际的检测效果示例如图 6.10(a) 和图 6.10(b) 所示,即使有同源的卫星或航拍数据,其不同年份的拍摄时间可能不同,拍摄时的太阳高度角不同,天气不同等状况都会给变化检测带来误差,因此在变化监测之前要对图像进行配准和相应的处理。

对监测到的物体进行识别,需要利用规则库、图像库,识别规则库中的规则按照不同方面的匹配进行划分,如图 6.11 所示的形状相似度和差异的检测规则、结构相似度和差异的检测规则、统计相似度和差异的检测规则、颜色相似度和差异的检测规则、灰度相似度和差异的检测规则、纹理相似度和差异的检测规则、所处环境相似度和差异的检测规则等。

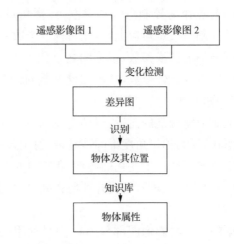

图 6.9　变化影像图的处理流程图

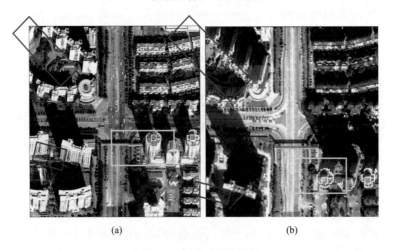

(a)　　　　　　　　　　　　　　　　(b)

图 6.10　遥感影像图

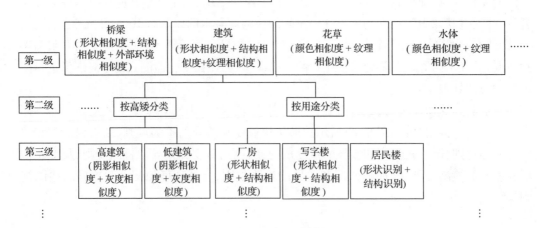

图 6.11　识别规则库的分类结构示意图

　　图像库中的图像采样自遥感影像,其分类结构示意如图 6.12 所示,具体为:从遥感影像中提取各种类型的个体的有代表性的图像,并且将这些有代表性的图像进行分类,抽取共性,成为第一级特征图像,然后再在此级别进行划分出子类,并在子类的所有图像中抽取共性,给该子类赋予一个特征图像,如此类推,直到其划分基本上代表了该个体有代表性的各种类型为止。将监测出来的变化物体与图像库中的相应类别的子类进行相似度比较,并检索出图像库中与该物体相似度最大的图像,并映射到模型库中相应的模型。

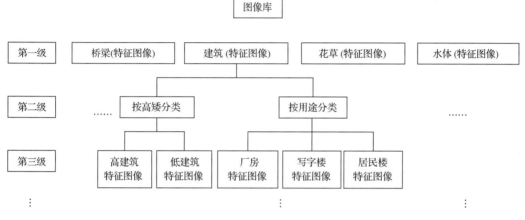

图 6.12　图像库的分类结构示意图

　　通过知识库对遥感影像中的个体进行自动建模的过程如下:根据图像库中的第一级特征图像对遥感影像进行扫描,得到每一个大类的物体的集合。第一级分类有建筑的特征图像、桥梁的特征图像、广场的特征图像、花草树木的特征图像、水的特征图像等。

　　判断该物体与这些特征图像之间的相似度。相似度包括:形状的相似度、结构的相似度、统计的相似度、颜色的相似度、灰度的相似度、纹理的相似度、所处环境的相似度等。可见相似度有很多分量,本方法可以通过对个体的初始分析来决定采用哪些相似度,并在判断该个体与图像库中图像的相似度时给不同类型的相似度赋予不同的权值,然后在判别最终相似度时采用加权的方法。

　　本方法的识别规则库的分类结构如图 6.13 所示,在从遥感影像中监测出变化的物体影像之后,从图像库中找出该物体所属的最准确的分类(如建筑/高建筑/写字楼),其方法是:首先将该物体图像与其所属分类的下一级分类的特征图像比较,如果该个体图像与某一类(假设为 X)的特征图像相似度最高,那么便可以判断该个体图像属于 X 类,再将该个体图像与 X 类的下一级各特征图像进行分别匹配,并算出其相似度,找到相似度最大特征图像所属的类别(假设为 Y),作为该物体图像所属的类别;然后可以继续与 Y 的下一级特征图像进行比较,如此类推,直到其相似度达到预期的要求,如本方法中可以根据需要规定:对于建筑来说相似度达到 80% 即可。那么其最终匹配并相似度最大的子类的特征图像将该个体图像的孪生图像,其实际绘制出的图像效果将与实际的物体影像非常相似。

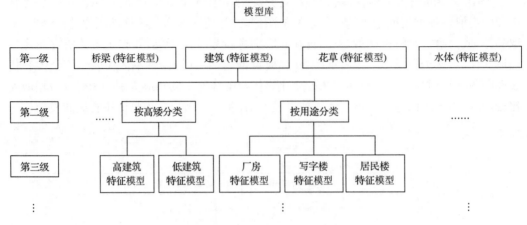

图 6.13　模型库分类结构示意图

第二步,将变化的部分重建到数字城市中,包括以下各阶段:

第一阶段,根据变化监测到的物体图像构建相应的物体模型,模型库的分类结构与图像库的分类结构基本一致,如图 6.14 所示,图像库中的一个图像基本上与模型库中的一个模型相对应,但模型库中的模型可以是使用建模的工具建起来的静态模型,也可以是使用参数描述的可以在需要时实时渲染的三维模型。动态模型比静态模型更容易修正,使用静态模型比使用动态模型更实时,但表达的真实性没有经过修正后的动态模型好。所以本方法可以在自动生成数字城市时先使用静态模型,再逐渐用修正后的动态模型替换掉先前的静态模型。

正因为模型库和图像库是对应的,只要在第一阶段利用图像库识别出物体的属性,将可以将其映射到模型库并构建出该物体的模型了,如图 6.14 所示。

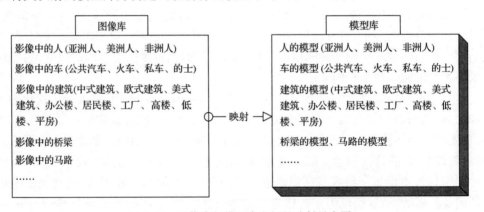

图 6.14　图像库与模型库之间的映射示意图

第二阶段,自动将变化监测对应的物体模型放进被继承的数字城市中。将遥感影像中的物体模型重新植入被继承的数字城市中的过程如下:从遥感影像中监测出变化的物体时,本方法就已经在程序中记下了该物体的二维坐标(经纬度),以及该物体的不同边的方位。根据该物体图像在遥感影像中的坐标和方位,本方法就可以将其通过上一步自动生成的逼真模型以正确的朝向、角度、位置植入被继承的数字城市中。

放进的方式根据变化方式的不同分为三种,以建筑为例说明:如果通过对比遥感影像,发现某处多出一个建筑,那么该建筑将被新增进被继承的数字城市中;如果通过对比遥感影像,发现某处的建筑变成了广场或者该建筑变高了,那么该原建筑将从被继承的数字城市中去掉,并将广场或者变高了的建筑植入;如果通过对比遥感影像,发现某处少了一个建筑,那么该建筑将从被继承的数字城市中去掉。由此本方法的增量式数字城市即可完成实时的更新。

因此,在 X 市的数字城市绘制过程中,如果 2006 年重新根据 2006 年的 X 市遥感图像 P_{2006} 建模生成 S_{2006},约需要 3 年的时间,耗资约 3000 万。而采用本方法根据 X 市遥感图像在 2006 年与 2000 年之间的变化增量式地生成 S_{2006},只需要半小时的时间,所以完全可以实时完成数字城市的处理,只需要保证遥感图像的正确获得即可。并且增量式生成的数字城市 S_{2006} 保持了数字城市 S_{2000} 的精细性。

利用本方法可以为城市应急指挥系统服务,融合各种遥感数据自动实时地生成数字城市,以实时数字城市的布局、地形、道路等信息为基础,就可以结合气象观测数据(风温资料)模拟城市风场,动态模拟大气污染扩散等突发事件的发展趋势,实时动态逼真地显示给城市指挥者,提供决策支持。

利用本方法可以为城市违章建筑监测服务,融合各种遥感数据自动实时地生成数字城市,通过比较数字城市中的建筑与规划数据就可以将不同的违章建筑准确地找到并显示给城市规划管理者。

利用本方法还可以用于很多其他方面。例如,居民可不出家门而享受虚拟商场、虚拟医院、虚拟戏院及虚拟旅游等方面的服务;城市应急救灾指挥人员不出指挥所就能看到最佳的救援路线和现场情况;警察不用出警察局就能马上定位到犯罪分子的所在位置,监视犯罪分子的一举一动,并能立即确定最佳的抓捕路线;规划部门不用实地考察,就能看见所有的用地和住房,从而做出最合理的决策;交通管理部门不用站在马路上就能看到所有道路的交通状况,从而做出最合理的调度。

6.2　知识库的更新

一种知识库数据更新方法,获取用户对数据信息的反馈信息,读取数据信息对应的可信度及反馈次数,再根据数据信息对应的可信度、反馈次数及反馈信息更新可信度。因此,知识库中数据信息的可信度不是固定不变的,而是参照使用者即用户的反馈信息进行更新,从而使得知识库中的数据信息可随着人们认识水平的提高而得到优化。由于上述知识库数据更新方法及系统使知识库中数据信息的可信度更加准确,故对上述知识库进行数据访问时,可有效提高数据访问的准确率。此外,本方法还提供一种知识库数据更新方法及知识库。

6.2.1　现有知识库更新技术的不足

知识库,又称为智能数据库或人工智能数据库。知识库是知识工程中结构化、易操作、易利用、全面有组织的知识集群,是针对某一(或某些)领域问题求解的需要,采用某种(或若干)知识表示方式在计算机存储器中存储、组织、管理和使用的互相联系的知识片集合。这些知识片包括与领域相关的理论知识、事实数据,由专家经验得到的启发式知识,如某领域内有关的定义、定理和运算法则以及常识性知识等。

知识库中的数据信息都对应一个可信度,可信度用于表示数据信息的准确性。在调用知识库中的数据信息时,一般选取可信度最高的。传统的知识库都是由专家根据经验,预先输入相关的数据信息。因此,知识库中的数据信息的内容及存储结构在使用过程中是不变的。而由于人们认识水平有限,预先输入知识库中的数据信息不一定最准确,从而导致知识库中的数据信息真实的可信度会发生变化。然而,由于数据信息的内容及存储结构为固定的,在访问知识库中的数据信息时,依然按照数据信息原来对应的可信度进行搜索和筛选,从而使得数据访问的准确率不高。

6.2.2　知识库增量式更新的原理

一种知识库数据更新方法,用于对知识库中的数据信息进行更新,所述数据信息对应一个可信度及反馈次数,所述方法包括以下步骤:

获取用户对所述数据信息的反馈信息;

读取所述数据信息对应的可信度及反馈次数;

根据所述数据信息对应的可信度、反馈次数及所述反馈信息更新所述可信度。

在其中一个方案中,所述根据所述数据信息对应的可信度、反馈次数及所述反馈信息更新所述可信度的方式为

$$B = (b \times k + c)/(k+1)$$

其中,b 和 k 分别为读取到的所述数据信息对应的可信度及反馈次数;c 为用户对所述数据信息的反馈信息,B 为更新后的可信度。

在其中一个方案中,在所述根据所述数据信息对应的可信度、反馈次数及所述反馈信息更新所述可信度的步骤之后,所述方法还包括:

根据所述可信度的大小,对所述数据信息进行重新排序。

在其中一个方案中,在所述根据所述数据信息对应的可信度、反馈次数及所述反馈信息更新所述可信度的步骤之后,所述方法还包括:

将所述可信度与预设的阈值相比较,并将可信度小于所述阈值的数据信息删除。

一种知识库更新系统,用于对知识库中的数据信息进行更新,所述数据信息对应一个可信度及反馈次数,所述系统包括:

反馈接收模块,用于获取用户对所述数据信息的反馈信息;

读取模块,用于读取所述数据信息对应的可信度及反馈次数;

可信度更新模块,用于根据所述数据信息对应的可信度、反馈次数及所述反馈信息更新所述可信度。

在其中一个方案中,所述可信度更新模块更新所述可信度的方式为:

$$B = (b \times k + c)/(k+1)$$

其中,b 和 k 分别为读取到的所述数据信息对应的可信度及反馈次数;c 为用户对所述数

据信息的反馈信息；B 为更新后的可信度。

在其中一个方案中，还包括重排序模块，重排序模块用于根据所述可信度的大小，对所述数据信息进行重新排序。

在其中一个方案中，还包括数据剔除模块，所述数据剔除模块用于将所述可信度与预设的阈值相比较，并将可信度小于所述阈值的数据信息删除。

一种知识库，包括：

如上述优选方案中任一项所述的知识库更新系统；

请求处理模块，用于接收用户的处理请求，并获取与所述处理请求匹配且可信度最大的数据信息；

数据输出模块，用于将获取的所述数据信息返回至用户。

在其中一个方案中，所述请求处理模块包括：

匹配单元，用于在知识库中查找与所述处理请求匹配的数据信息；

选择单元，用于从所述匹配的数据信息进行筛选，选取其中可信度最大的数据信息。

上述知识库数据更新方法及系统，获取用户对数据信息的反馈信息，读取数据信息对应的可信度及反馈次数，再根据数据信息对应的可信度、反馈次数及反馈信息更新可信度。因此，知识库中数据信息的可信度不是固定不变的，而是参照使用者即用户的反馈信息进行更新，从而使得知识库中的数据信息可随着人们认识水平的提高而得到优化。由于上述知识库数据更新方法及系统使知识库中数据信息的可信度更加准确，故对上述知识库进行数据访问时，可有效提高数据访问的准确率。

6.2.3 知识库增量式更新的方法

请参阅图 6.15，在一个方案中，一种知识库数据更新方法，包括以下步骤：

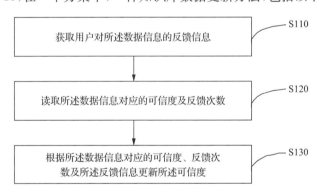

图 6.15 一个方案中知识库数据更新方法的流程示意图

步骤 S110，获取用户对数据信息的反馈信息。

在一个方案中，可在向用户提供数据信息时，提示用户输入对该数据信息的反馈信息。反馈信息为用户对该数据信息准确性（即可信度）的评价。例如，在用户界面上显示输入框，并提示用户输入 0%～100% 的数值。若获得用户的输入数值为 60%，则表示该用户认为该数据信息的可信度为 60%。此外，还可在用户界面上显示多个选项（如可信、不可信、不确定等,并为每个选项对应设置量化的表示可信度的数值),从而便可通过获取用户与特定选项的交互操作获取用户对该数据信息的反馈信息。

步骤 S120,读取数据信息对应的可信度及反馈次数。

在一个方案中,知识库中的数据信息均对应一个可信度,在构建知识库时,设计人员根据现有经验对每个数据信息的可信度赋予一个初始值。每个数据信息的可信度均为变量,可根据针对该数据信息的反馈信息进行更新。知识库中的数据信息还对应反馈次数,反馈次数即获取用户对该数据信息的反馈信息的次数,反馈次数的初始值均为 0。反馈次数也为变量,每获取一次对该数据信息的反馈信息,则该数据信息对应的反馈次数在原有基础上加 1。

因此,通过数据信息在知识库中进行查询,便可得到该数据信息的可信度及反馈次数。

步骤 S130,根据数据信息对应的可信度、反馈次数及反馈信息更新可信度。

具体的,由于反馈信息是对数据信息可信度的评价,因此,在获取针对该数据信息的反馈信息后,需要对该数据信息对应的可信度进行重新设置,以使可信度保持有效。在一个方案中,根据数据信息对应的可信度、反馈次数及反馈信息更新可信度的方式为

$$B = (b \times k + c)/(k + 1)$$

其中,b 和 k 分别为读取到的数据信息对应的可信度及反馈次数;c 为用户对数据信息的反馈信息;B 为更新后的可信度。

进一步的,在得到新的可信度 B 后,将数据信息对应的可信度更新为 B,并将该数据信息对应的反馈次数更新为 $k + 1$。在下一次更新可信度时,读取的可信度及反馈次数便为更新后的可信度及反馈次数。在后续可信度更新时,以此类推。

需要指出的是,更新可信度的方式不限于上述一种。例如,在一个方案中,根据数据信息对应的可信度、反馈次数及反馈信息更新可信度的方式为

$$B = (b \times k \times c_1 + c \times c_2)/(k \times c_1 + c_2)$$

其中,b、k、c、B 的含义同上,c_1、c_2 为权值。

在一个方案中,在上述步骤 S130 之后,上述知识库数据更新方法还包括:根据可信度的大小,对数据信息进行重新排序。

具体的,在知识库中,将数据信息按照可信度由大到小依次存储,从而使知识库中的数据信息有序。当访问知识库中的数据信息时,可按照可信度由大到小的顺序依次查询数据信息,当首次查找到匹配的数据信息后,该数据信息便为所有匹配的数据信息中可信度最大的数据信息。因此,不需要将所有匹配的数据信息全部查找到后再进行筛选,从而有效提高数据访问的效率。

在一个方案中,在上述步骤 S130 之后,上述知识库数据更新方法还包括:将可信度与预设的阈值相比较,并将可信度小于阈值的数据信息删除。

具体的,阈值预先设定,表示临界点。当数据信息的可信度低于阈值时,则表示该数据信息可能为错误。当数据信息的可信度发生更新时,将更新后的可信度与阈值相比较,若该数据信息对应的可信度低于阈值,则将该数据信息从知识库中删除。

将可信度低于阈值的数据信息从知识库中删除,可剔除错误的数据信息,从而使知识

库中的数据信息始终保持有效。而且,将错误的数据信息删除,可减小知识库的冗余度,并进一步节省存储空间。

请参阅图 6.16,本方法中,一种知识库更新系统 100,包括反馈接收模块 110、读取模块 120 和可信度更新模块 130。其中:

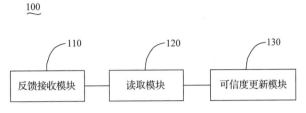

图 6.16　一个方案中知识库数据更新系统的模块示意图

反馈接收模块 110 用于获取用户对数据信息的反馈信息。

在一个方案中,反馈接收模块 110 可在向用户提供数据信息时,提示用户输入对该数据信息的反馈信息。反馈信息为用户对该数据信息准确性(即可信度)的评价。例如,反馈接收模块 110 在用户界面上显示输入框,并提示用户输入 0%～100% 之间的数值。若获得用户的输入数值为 60%,则表示该用户认为该数据信息的可信度为 60%。此外,反馈接收模块 110 还可在用户界面上显示多个选项(如可信、不可信、不确定等,并为每个选项对应设置量化的表示可信度的数值),从而便可通过获取用户与特定选项的交互操作获取用户对该数据信息的反馈信息。

读取模块 120 用于读取数据信息对应的可信度及反馈次数。

在一个方案中,知识库中的数据信息均对应一个可信度,在构建知识库时,设计人员根据现有经验对每个数据信息的可信度赋予一个初始值。每个数据信息的可信度均为变量,可根据针对该数据信息的反馈信息进行更新。知识库中的数据信息还对应反馈次数,反馈次数即获取用户对该数据信息的反馈信息的次数,反馈次数的初始值均为 0。反馈次数也为变量,每获取一次对该数据信息的反馈信息,则该数据信息对应的反馈次数在原有基础上加 1。

因此,读取模块 120 通过数据信息在知识库中进行查询,便可得到该数据信息的可信度及反馈次数。

可信度更新模块 130 用于根据数据信息对应的可信度、反馈次数及反馈信息更新可信度。

具体的,由于反馈信息是对数据信息可信度的评价,因此,在获取针对该数据信息的反馈信息后,可信度更新模块 130 需要对该数据信息对应的可信度进行重新设置,以使可信度保持有效。在一个方案中,可信度更新模块 130 更新可信度的方式为

$$B = (b \times k + c)/(k+1)$$

其中,b 和 k 分别为读取到的数据信息对应的可信度及反馈次数;c 为用户对数据信息的反馈信息;B 为更新后的可信度。

进一步的,在得到新的可信度 B 后,可信度更新模块 130 将数据信息对应的可信度更新为 B,并将该数据信息对应的反馈次数更新为 $k+1$。在下一次更新可信度时,读取的可

信度及反馈次数便为更新后的可信度及反馈次数。在后续可信度更新时，以此类推。

需要指出的是，可信度更新模块 130 更新可信度的方式不限于上述一种。例如，在一个方案中，可信度更新模块 130 更新可信度的方式为

$$B = (b \times k \times c_1 + c \times c_2)/(k \times c_1 + c_2)$$

其中，b、k、c、B 的含义同上，c_1、c_2 为权值。

请参阅图 6.17，在另一个方案中，知识库数据更新系统 100 还包括重排序模块 140 和数据剔除模块 150。其中：

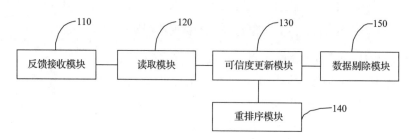

图 6.17　另一个方案中知识库数据更新系统的模块示意图

重排序模块 140 用于根据可信度的大小，对数据信息进行重新排序。

具体的，在知识库中，重排序模块 140 将数据信息按照可信度由大到小依次存储，从而使知识库中的数据信息有序。当访问知识库中的数据信息时，可按照可信度由大到小的顺序依次查询数据信息，当首次查找到匹配的数据信息后，该数据信息便为所有匹配的数据信息中可信度最大的数据信息。因此，不需要将所有匹配的数据信息全部查找到后再进行筛选，从而有效提高数据访问的效率。

数据剔除模块 150 用于将可信度与预设的阈值相比较，并将可信度小于阈值的数据信息删除。

具体的，阈值预先设定，表示临界点。当数据信息的可信度低于阈值时，则表示该数据信息可能为错误。当数据信息的可信度发生更新时，数据剔除模块 150 将更新后的可信度与阈值相比较，若该数据信息对应的可信度低于阈值，则将该数据信息从知识库中删除。

数据剔除模块 150 可剔除错误的数据信息，从而使知识库中的数据信息始终保持有效。而且，将错误的数据信息删除，可减小知识库的冗余度，并进一步节省存储空间。

请参阅图 6.18，本方法还提供一种知识库，知识库包括知识库更新系统 100、请求处理模块 200 及数据输出模块 300。其中：

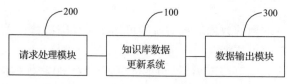

图 6.18　一个方案中知识库的模块示意图

请求处理模块 200 用于接收用户的处理请求,并获取与处理请求匹配且可信度最大的数据信息。

在一个方案中,请求处理模块 200 包括匹配单元(图中未示出)及选择单元(图中未示出)。其中,匹配单元用于在知识库中查找与处理请求匹配的数据信息;选择单元用于从匹配的数据信息进行筛选,选取其中可信度最大的数据信息。

在另一个方案中,知识库更新系统 100 包括重排序模块 140,请求处理模块 200 可按照可信度由大到小的顺序依次查询数据信息,当首次查找到匹配的数据信息后,该数据信息便为所有匹配的数据信息中可信度最大的数据信息。因此,不需要将所有匹配的数据信息全部查找到后再进行筛选,从而有效提高数据访问的效率。

数据输出模块 300 用于将获取的数据信息返回至用户。

上述知识库数据更新方法及系统,获取用户对数据信息的反馈信息,读取数据信息对应的可信度及反馈次数,再根据数据信息对应的可信度、反馈次数及反馈信息更新可信度。因此,知识库中数据信息的可信度不是固定不变的,而是参照使用者即用户的反馈信息进行更新,从而使得知识库中的数据信息可随着人们认识水平的提高而得到优化。由于上述知识库数据更新方法及系统使知识库中数据信息的可信度更加准确,故对上述知识库进行数据访问时,可有效提高数据访问的准确率。

6.3 视 频 比 对

本方法给出了一种视频比对方法,包括:获取需要判别相似度的第一和第二视频;以第一划分粒度将第一和第二视频分别分割成若干视频片段,计算第一划分粒度下第一与第二视频中相同的视频片段数量占第一视频的视频片段总数的比例;自第一和第二视频中删除相同的视频片段,分别得到第一剩余视频和第二剩余视频;以第二划分粒度将第一和第二剩余视频分别分割成若干视频片段,计算第二划分粒度下第一与第二剩余视频中相同的视频片段数量占第一剩余视频的视频片段总数的比例;计算第一视频与第二视频的综合相似度。本方法能够较为准确反映被人为打乱了帧序、镜头序、场景序的视频之间的相似程度,将这些被故意打乱了顺序的相似视频检测出来。

6.3.1 现有视频比对技术的不足

现有技术中判断两个视频的相似度,一般是通过将两个视频进行分帧,然后按照顺序判断两个视频中重复的帧镜头串。

但如果视频中帧镜头的顺序被故意打乱了,那么即使实质上是相似的(如抄袭的)视频之间,按照现有的相似度统计方式得到的相似度较低,无法反映其本身的相似程度。

6.3.2 多粒度视频比对的原理

基于此,为了解决传统的视频相似度统计方法难以准确反映被人为打乱了帧序、镜头序、场景序的视频之间的相似程度的问题,有必要提供一种能够较为准确地反映被人为打乱了帧序、镜头序、场景序的视频之间的相似程度的视频比对方法。

　　一种视频比对方法,包括:获取需要判别相似度的第一视频和第二视频;以第一划分粒度将所述第一视频和第二视频分别分割成若干视频片段,将第一划分粒度下第一视频中全部的视频片段与第二视频中全部的视频片段进行比较,计算第一划分粒度下第一视频与第二视频中相同的视频片段数量占第一视频的视频片段总数的比例 x_1;自第一视频和第二视频中删除相同的视频片段,分别得到第一剩余视频和第二剩余视频;以第二划分粒度将第一剩余视频和第二剩余视频分别分割成若干视频片段,将第二划分粒度下第一剩余视频中全部的视频片段与第二视频中全部的视频片段进行比较,计算第二划分粒度下第一剩余视频与第二剩余视频中相同的视频片段数量占第一剩余视频的视频片段总数的比例 y_1;所述第二划分粒度比第一划分粒度小;将 x_1 乘以第一划分粒度在综合相似度中的权重,得到第一划分粒度的相似度,用一减去第一划分粒度的相似度后再乘以 y_1、接着加上第一划分粒度的相似度,以计算第一视频与第二视频的综合相似度。

　　在其中一个方案中,所述以第一划分粒度将所述第一视频和第二视频分别分割成若干视频片段的步骤,是将所述第一视频和第二视频分别分割成若干场景;所述以第二划分粒度将第一剩余视频和第二剩余视频分别分割成若干视频片段的步骤,是将所述第一剩余视频和第二剩余视频分别分割成若干帧。

　　在其中一个方案中,所述以第一划分粒度将所述第一视频和第二视频分别分割成若干视频片段的步骤,是将所述第一视频和第二视频分别分割成若干镜头;所述以第二划分粒度将第一剩余视频和第二剩余视频分别分割成若干视频片段的步骤,是将所述第一剩余视频和第二剩余视频分别分割成若干帧。

　　在其中一个方案中,所述以第一划分粒度将所述第一视频和第二视频分别分割成若干视频片段的步骤,是将所述第一视频和第二视频分别分割成若干场景;所述以第二划分粒度将第一剩余视频和第二剩余视频分别分割成若干视频片段的步骤,是将所述第一剩余视频和第二剩余视频分别分割成若干镜头。

　　所述视频比对方法还包括自第一剩余视频和第二剩余视频中删除相同的镜头,分别得到视频 T_5 和视频 T_6,将视频 T_5 和视频 T_6 分别分割成若干帧,将视频 T_5 中全部的帧和视频 T_6 中全部的帧进行比较,计算视频 T_5 和视频 T_6 中相同的帧占视频 T_5 中帧总数的比例 z_1 的步骤;所述计算第一视频与第二视频的综合相似度的步骤,是通过如下公式进行计算综合相似度

$$M_1 = x_1 \times c_1 + (1 - x_1 \times c_1)[y_1 \times c_2 + (1 - y_1 \times c_2)z_1]$$

其中,c_1 为场景粒度在综合相似度中的权重;c_2 为镜头粒度在综合相似度中的权重。

　　在其中一个方案中,还包括判断所述第一视频与第二视频的综合相似度是否大于相似度阈值,若是,则判定所述第一视频与第二视频相似的步骤。

　　在其中一个方案中,还包括下列步骤:计算第一划分粒度下第一视频与第二视频中相同的视频片段数量占第二视频的视频片段总数的比例 x_2;计算第二划分粒度下第一剩余视频与第二剩余视频中相同的视频片段数量占第二剩余视频的视频片段总数的比例 y_2;将 x_2 乘以第一划分粒度在综合相似度中的权重,得到第一划分粒度的相似度,用一减去第一划分粒度的相似度后再乘以 y_2、接着加上第一划分粒度的相似度,计算第二视频与第一视频的综合相似度;判断所述第一视频与第二视频的综合相似度是否大于相似度阈

值,所述第二视频与第一视频的综合相似度是否大于所述相似度阈值,若二者有任意一个大于所述相似度阈值,则判定所述第一视频与第二视频相似。

同时提供一种视频比对系统,包括:读取模块,用于获取需要判别相似度的第一视频和第二视频;第一分割比较模块,用于以第一划分粒度将所述第一视频和第二视频分别分割成若干视频片段,将第一划分粒度下第一视频中全部的视频片段与第二视频中全部的视频片段进行比较,计算第一划分粒度下第一视频与第二视频中相同的视频片段数量占第一视频的视频片段总数的比例 x_1;第一删除模块,用于自第一视频和第二视频中删除相同的视频片段,分别得到第一剩余视频和第二剩余视频;分割比较模块,用于以第二划分粒度将第一剩余视频和第二剩余视频分别分割成若干视频片段,将第二划分粒度下第一剩余视频中全部的视频片段与第二视频中全部的视频片段进行比较,计算第二划分粒度下第一剩余视频与第二剩余视频中相同的视频片段数量占第一剩余视频的视频片段总数的比例 y_1;所述第二划分粒度比第一划分粒度小;综合相似度计算模块,用于将 x_1 乘以第一划分粒度在综合相似度中的权重,得到第一划分粒度的相似度,用一减去第一划分粒度的相似度后再乘以 y_1,接着加上第一划分粒度的相似度,计算第一视频与第二视频的综合相似度。

在其中一个方案中,还包括判断模块,用于判断所述第一视频与第二视频的综合相似度是否大于相似度阈值,若是,则判定所述第一视频与第二视频相似。

上述视频比对方法,采用多粒度的比对方法,先后以视频的场景、镜头、帧为粒度,对视频进行分割-比较-删除后来计算视频之间的综合相似度,使得被故意打乱了帧序、镜头序、场景序的相似视频也可以被检测出来,能够较为准确反映被人为打乱了帧序、镜头序、场景序的视频之间的相似程度。

6.3.3　多粒度视频比对的方法

方案一

图 6.19 是一方案中视频比对方法的流程图,包括下列步骤:

S110,获取需要判别相似度的视频 T_1 和视频 T_2。

S120,将视频 T_1 和视频 T_2 分别分割成若干场景,将视频 T_1 中全部的场景与视频 T_2 中全部的场景进行比较,将相同场景的数量记为 k_3。

其中,将视频分割成场景的算法可以采用现有技术。在本方案中,将视频 T_1 的场景数量记为 k_1,视频 T_2 的场景数量记为 k_2。$i=1\sim k_1, j=1\sim k_2$,比较视频 T_1 的第 i 个场景与视频 T_2 的第 j 个场景是否相同,并将相同的场景的数量记为 k_3。

S130,自视频 T_1 和视频 T_2 中删除相同的场景,视频 T_1 在删除后得到视频 T_3,视频 T_2 在删除后得到视频 T_4。

将步骤 S120 比较后得出的相同的各场景从视频 T_1 和视频 T_2 中删除,分别得到视频 T_3 和视频 T_4。删除后得到的视频 T_3 与视频 T_4 之间不存在相同的场景。

S140,将视频 T_3 和视频 T_4 分别分割成若干镜头,将视频 T_3 中全部的镜头与视频 T_4 中全部的镜头进行比较,将相同镜头的数量记为 k_6。

其中,将视频分割成镜头的算法可以采用现有技术。在本方案中,将视频 T_3 的镜头

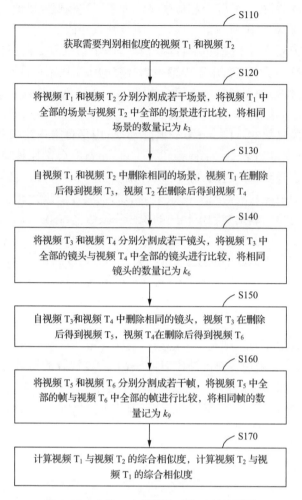

图 6.19　方案一中视频比对方法的流程图

数量记为 k_4，视频 T_4 的镜头数量记为 k_5。$i=1\sim k_4$，$j=1\sim k_5$，比较视频 T_3 的第 i 个镜头与视频 T_4 的第 j 个镜头是否相同，并将相同的镜头的数量记为 k_6。

S150，自视频 T_3 和视频 T_4 中删除相同的镜头，视频 T_3 在删除后得到视频 T_5，视频 T_4 在删除后得到视频 T_6。

将步骤 S140 比较后得出的相同的各镜头从视频 T_3 和视频 T_4 中删除，分别得到视频 T_5 和视频 T_6。删除后得到的视频 T_5 和视频 T_6 之间不存在相同的镜头。

S160，将视频 T_5 和视频 T_6 分别分割成若干帧，将视频 T_5 中全部的帧与视频 T_6 中全部的帧进行比较，将相同帧的数量记为 k_9。

其中，将视频分割成帧的算法可以采用现有技术。在本方案中，将视频 T_5 的帧数量记为 k_7，视频 T_6 的帧数量记为 k_8。$i=1\sim k_7$，$j=1\sim k_8$，比较视频 T_5 的第 i 帧与视频 T_6 的第 j 帧是否相同，并将相同的帧的数量记为 k_9。

S170，计算视频 T_1 与视频 T_2 的综合相似度，计算视频 T_2 与视频 T_1 的综合相似度。

视频 T_1 与视频 T_2 的综合相似度 M_1 通过如下公式进行计算：

$$M_1 = k_3/k_1 \times c_1 + (1 - k_3/k_1 \times c_1) \times [k_6/k_4 \times c_2 + (1 - k_6/k_4 \times c_2) \times k_9/k_7]$$

视频 T_2 与视频 T_1 的综合相似度 M_2 通过如下公式进行计算：

$$M_2 = k_3/k_2 \times c_1 + (1 - k_3/k_2 \times c_1) \times [k_6/k_5 \times c_2 + (1 - k_6/k_5 \times c_2) \times k_9/k_8]$$

其中，c_1 为场景粒度在综合相似度中的权重；c_2 为镜头粒度在综合相似度中的权重。可以取合适的经验值（但需保证 $c_1 > 0, 1 - k_3/k_1 \times c_1 > 0, 1 - k_3/k_2 \times c_1 > 0, c_2 > 0, 1 - k_6/k_4 \times c_2 > 0, 1 - k_6/k_5 \times c_2 > 0$），来调整不同划分粒度在综合相似度中所占的比重。

在其中一个方案中，$c_1 = c_2 = 1$，则视频 T_1 与视频 T_2 的综合相似度为

$$M_1 = k_3/k_1 + (1 - k_3/k_1) \times [k_6/k_4 + (1 - k_6/k_4) \times k_9/k_7]$$

视频 T_2 与视频 T_1 的综合相似度为

$$M_2 = k_3/k_2 + (1 - k_3/k_2) \times [k_6/k_5 + (1 - k_6/k_5) \times k_9/k_8]$$

其中，视频 T_1 与视频 T_2 的综合相似度不一定等于视频 T_2 与视频 T_1 的综合相似度。例如，视频 T_1 是视频 T_2 的一半，则视频 T_1 可以完全从视频 T_2 中找到，而视频 T_2 只有一半能从视频 T_1 的找到，这种情况下，显然视频 T_1 与视频 T_2 的综合相似度大于视频 T_2 与视频 T_1 的综合相似度。

在另一个方案中，计算 M_1、M_2 可以采用不同的权重，即

$$M_1 = k_3/k_1 \times c_1 + (1 - k_3/k_1 \times c_1) \times [k_6/k_4 \times c_2 + (1 - k_6/k_4 \times c_2) \times k_9/k_7]$$
$$M_2 = k_3/k_2 \times c_3 + (1 - k_3/k_2 \times c_3) \times [k_6/k_5 \times c_4 + (1 - k_6/k_5 \times c_4) \times k_9/k_8]$$

其中 c_1、c_2、c_3、c_4 是权重，可以取合适的经验值，且 $c_1 > 0, c_2 > 0, 1 - k_3/k_1 \times c_1 > 0, 1 - k_6/k_4 \times c_2 > 0, c_3 > 0, c_4 > 0, 1 - k_3/k_2 \times c_3 > 0, 1 - k_6/k_5 \times c_4 > 0$。

上述视频比对方法，采用多粒度的比对方法，先后以视频的场景、镜头、帧为粒度，对视频进行分割—比较—删除后来计算视频之间的综合相似度，使得被故意打乱了帧序、镜头序、场景序的相似视频也可以被检测出来，能够较为准确地反映被人为打乱了帧序、镜头序、场景序的视频之间的相似程度。

在本方案中，步骤 S170 后还包括步骤：

判断视频 T_1 与视频 T_2 的综合相似度是否大于相似度阈值 θ，及视频 T_2 与视频 T_1 的综合相似度是否大于相似度阈值 θ，若二者有任意一个大于相似度阈值 θ，则判定视频 T_1 与视频 T_2 相似。相似度阈值 θ 可以是一个经验值，其取值与 c_1、c_2 有关。

在其他方案中，也可以只计算一个综合相似度（如视频 T_1 与视频 T_2 的综合相似度），并只判断该综合相似度是否大于相似度阈值 θ。比如在两个视频中认定视频 T_1 是有抄袭嫌疑的情况。

在其他方案中，将需要判别相似度的两个视频分割成若干视频片段时采用的划分粒度，也可以不同于方案一。例如，是直接从场景到帧，或者是直接从镜头到帧，又或者采用除了场景、镜头、帧外其他的划分粒度。以下再分别给出两个对应的方案。

方案二

图 6.20 是方案二中视频比对方法的流程图，包括下列步骤：

S210，获取需要判别相似度的视频 T_1 和视频 T_2。

S220，将视频 T_1 和视频 T_2 分别分割成若干场景，将视频 T_1 中全部的场景与视频 T_2 中全部的场景进行比较，将相同场景的数量记为 k_3。

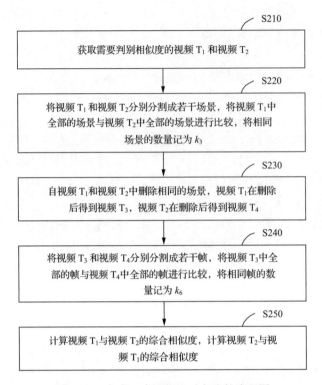

图 6.20　方案二中视频比对方法的流程图

在本方案中,将视频 T_1 的场景数量记为 k_1,视频 T_2 的场景数量记为 k_2。$i = 1 \sim k_1$, $j = 1 \sim k_2$,比较视频 T_1 的第 i 个场景与视频 T_2 的第 j 个场景是否相同,并将相同的场景数量记为 k_3。

S230,自视频 T_1 和视频 T_2 中删除相同的场景,视频 T_1 在删除后得到视频 T_3,视频 T_2 在删除后得到视频 T_4。

S240,将视频 T_3 和视频 T_4 分别分割成若干帧,将视频 T_3 中全部的帧与视频 T_4 中全部的帧进行比较,将相同帧的数量记为 k_6。

在本方案中,将视频 T_3 的帧数量记为 k_4,视频 T_4 的帧数量记为 k_5。$i = 1 \sim k_4$, $j = 1 \sim k_5$,比较视频 T_3 的第 i 帧与视频 T_4 的第 j 帧是否相同,并将相同的帧数量记为 k_6。

S250,计算视频 T_1 与视频 T_2 的综合相似度,计算视频 T_2 与视频 T_1 的综合相似度。

在本方案中,视频 T_1 与视频 T_2 的综合相似度 M_1 通过如下公式进行计算:

$$M_1 = k_3/k_1 \times c_1 + (1 - k_3/k_1 \times c_1) \times k_6/k_4$$

视频 T_2 与视频 T_1 的综合相似度 M_2 通过如下公式进行计算:

$$M_2 = k_3/k_2 \times c_1 + (1 - k_3/k_2 \times c_1) \times k_6/k_5$$

其中,c_1 为场景粒度在综合相似度中的权重,可以取合适的经验值,但需保证 $c_1 > 0$,$1 - k_3/k_1 \times c_1 > 0$,$1 - k_3/k_2 \times c_1 > 0$。

在本方案中,步骤 S250 后还包括步骤:

判断视频 T_1 与视频 T_2 的综合相似度是否大于相似度阈值 θ,及视频 T_2 与视频 T_1

的综合相似度是否大于相似度阈值 θ，若二者有任意一个大于相似度阈值 θ，则判定视频 T_1 与视频 T_2 相似。相似度阈值 θ 可以是一个经验值，其取值与 c_1 有关。

在其他方案中，也可以只计算一个综合相似度（如视频 T_1 与视频 T_2 的综合相似度），并只判断该综合相似度是否大于相似度阈值 θ。

方案三

图 6.21 是方案三中视频比对方法的流程图，包括下列步骤：

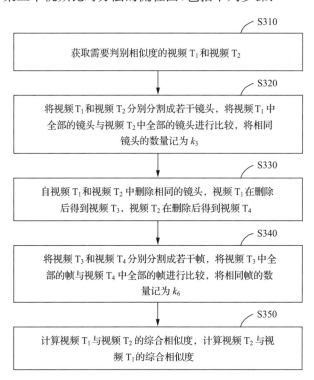

图 6.21　方案三中视频比对方法的流程图

S310，获取需要判别相似度的视频 T_1 和视频 T_2。

S320，将视频 T_1 和视频 T_2 分别分割成若干镜头，将视频 T_1 中全部的镜头与视频 T_2 中全部的镜头进行比较，将相同镜头的数量记为 k_3。

在本方案中，将视频 T_1 的镜头数量记为 k_1，视频 T_2 的镜头数量记为 k_2。$i=1\sim k_1$，$j=1\sim k_2$，比较视频 T_1 的第 i 个镜头与视频 T_2 的第 j 个镜头是否相同，并将相同的镜头数量记为 k_3。

S330，自视频 T_1 和视频 T_2 中删除相同的镜头，视频 T_1 在删除后得到视频 T_3，视频 T_2 在删除后得到视频 T_4。

S340，将视频 T_3 和视频 T_4 分别分割成若干帧，将视频 T_3 中全部的帧与视频 T_4 中全部的帧进行比较，将相同帧的数量记为 k_6。

在本方案中，将视频 T_3 的帧数量记为 k_4，视频 T_4 的帧数量记为 k_5。$i=1\sim k_4$，$j=1\sim k_5$，比较视频 T_3 的第 i 帧与视频 T_4 的第 j 帧是否相同，并将相同的帧数量记为 k_6。

S350，计算视频 T_1 与视频 T_2 的综合相似度，计算视频 T_2 与视频 T_1 的综合相似度。

在本方案中,视频 T_1 与视频 T_2 的综合相似度 M_1 通过如下公式进行计算:

$$M_1 = k_3/k_1 \times c_1 + (1 - k_3/k_1 \times c_1) \times k_6/k_4$$

视频 T_2 与视频 T_1 的综合相似度 M_2 通过如下公式进行计算:

$$M_2 = k_3/k_2 \times c_1 + (1 - k_3/k_2 \times c_1) \times k_6/k_5$$

其中,c_1 为镜头粒度在综合相似度中的权重;可以取合适的经验值,但需保证 $c_1 > 0$,$1 - k_3/k_1 \times c_1 > 0$,$1 - k_3/k_2 \times c_1 > 0$。

在本方案中,步骤 S350 后还包括步骤:

判断视频 T_1 与视频 T_2 的综合相似度是否大于相似度阈值 θ, 及视频 T_2 与视频 T_1 的综合相似度是否大于相似度阈值 θ,若二者有任意一个大于相似度阈值 θ,则判定视频 T_1 与视频 T_2 相似。相似度阈值 θ 可以是一个经验值,其取值与 c_1 有关。

在其他方案中,也可以只计算一个综合相似度(如视频 T_1 与视频 T_2 的综合相似度),并只判断该综合相似度是否大于相似度阈值 θ。

第7章 自动大数据智慧计算原理与方法

自动大数据智慧计算原理与方法,可以消除数据处理过程中的人工干预。自动化是人类一直追求的目标,使得人类可以从劳动中解放出来。正是利用了自动大数据智慧计算原理与方法,才使得数字城市可以从遥感影像中自动重建出来,而无需手工处理(7.1节);才使得多媒体可以自动地被合适地切分,而无需人工干预(7.2节);才使得某些机器人加入或离开巡逻队伍,巡逻队伍能够自动得到重新调配,而无法人为调整(7.3节)。

7.1 数字城市的生成

本方法给出了一种数字城市全自动生成的方法,其应用于一通用计算机系统,包括以下步骤:获取一预定区域地面的遥感影像,并通过阴影检测算法,监测出遥感影像上所有物体的阴影长度;将所述遥感影像进行矢量化,获取不同物体的形状,并匹配所述阴影的位置,获取各物体的高度;在图像库中根据图像的特性在遥感影像中识别不同的物体;根据该地域内物体的类型、底座形状、顶座的形状、高度结合模型库,自动生成该地域物体的三维模型。本方法能够全自动地实时生成大范围的数字城市,满足了对时效性要求高的城市应用;并且只需要遥感影像、DEM 作为基本的数据即可,成本非常低,使之在政府、商业、生活等中得到应用成为可能。

7.1.1 现有数字城市生成技术的不足

现有的构建数字城市的技术,如图 6.1～图 6.3 所示,是三种常用的构建数字城市的办法,与其他的方案相类似,只是建模和渲染的工具不同而已。上述方案的共同特征是:根据现场采集到的照片,进行手工三维建模,并手工标定各物体在城市场景中的位置,然后将各物体的三维模型手工加入到城市场景中的相应位置。

现有技术各个方案中,需要带着照相机对城市中的所有物体——拍照、——手工建模,工作量非常之大,还需要将建好的模型——手工标定并安置到数字城市场景中的合适位置。这个过程要耗费大量的人力,包括采集照片、手工建模、手工标定并安置模型,同时会耗费大量的财力。例如,需要很多照相机供采集照片用,需要很多计算机供手工建模、手工标定并安置模型用等,还会耗费大量的时间;建一个模型有时候就需要 1 天,一个城市中有成千上万的物体需要建模;X 市数字城市以现有技术最少需要 3 年的时间才能完成。

而目前随着城市发展日新月异,官员想身临其境地指挥应急、查处违章,居民想足不出户地旅游,等等,这些只有在数字城市才能做到。但是如果做一个数字城市需要花很长的时间,如利用现有的技术,数字 X 市需要 3 年时间,那么人们在数字城市中所见的一切都是 3 年前的,会给城市应急、违章监测等带来灾难性的后果。事实上,X 市的变化的确是日新月异,每一天城市的面貌都会发生改变,所以除非至少在一天之内将数字城市建出来,否则绘制的数字城市无法真正代表和反映真实的城市,现有技术的数字城市在实际应用中无法真正发挥作用,不可能做到实时。

因此,现有技术还存有缺陷,有待于改进和发展。

7.1.2　数字城市全自动生成的原理

本方法的目的在于提供一种数字城市全自动生成的方法,通过知识库的方式,实现数字城市的自动生成,以便能实时生成数字城市,为城市应急、违章监测、交通指挥、数字生活等提供实时的支持。

本方法的技术方案包括:

一种数字城市全自动生成的方法,其应用于一通用计算机系统,包括以下步骤:

A. 获取一预定区域地面的遥感影像,并通过阴影检测算法,监测出遥感影像上所有物体的阴影长度;

B. 将所述遥感影像进行矢量化,获取不同物体的形状,并匹配所述阴影的位置,获取各物体的高度;

C. 采集该地域内的各物体的图像及相应模型,形成知识库;

D. 在图像库中根据图像的特性在遥感影像中识别不同的物体;

E. 根据该地域内物体的类型、底座形状、顶座形状、高度结合模型库,自动生成该地域物体的三维模型;

F. 根据相应各物体的二维坐标位置,将该地域物体的三维模型镶到具有高程的遥感影像中。

所述的方法,其中,所述步骤 F 中的二维坐标位置根据数字高程模型和遥感影像获得。

所述的方法,其中,所述步骤 D 还包括:

D1. 从遥感影像中提取各种类型的个体的有代表性的图像,并且将这些有代表性的图像进行分类,抽取其共性,形成第一级特征图像;

D2. 在此级别中进行划分出子类,并在各子类的所有图像中分别抽取共性,给各子类分别赋予一个特征图像;

如此类推,直到其划分基本上代表了该个体有代表性的各种类型为止。

所述的方法,其中,所述模型库的分类结构与所述图像库的分类结构一致,图像库中的一个图像与模型库中的一个模型相对应。

所述的方法,其中,所述模型库中的模型是使用建模的工具建起来的静态模型。

所述的方法,其中,所述模型库中的模型是使用参数描述的并在需要时实时渲染的三维模型。

所述的方法,其中,在自动生成数字城市时先使用静态模型,再逐渐用修正后的动态模型替换掉先前的静态模型。

所述的方法,其中,所述图像库与模型库之间的映射关系,包括以下步骤:

D3. 根据图像库对遥感影像中的物体进行抽取和识别;

D4. 将抽取出来的物体与图像库中的相应类别的子类进行相似度比较,并检索出图像库中与该物体相似度最大的图像,并映射到模型库中相应的模型;

D5. 通过知识库对遥感影像中的个体进行自动建模。

所述的方法,其中,所述步骤 D5 还包括:

D51. 根据图像库中的第一级特征图像对遥感影像进行扫描,得到每一个大类的物体的集合,判断该物体与这些特征图像之间的相似度;

D52. 从图像库中找出该物体所属的最准确的分类。

所述的方法,其中,所述步骤 D52 包括:

D521. 将该物体图像与其所属分类的下一级分类的特征图像比较,如果该个体图像与某一类的特征图像相似度最高,则判断该个体图像属于该类;

D522. 将该个体图像与该类的下一级各特征图像进行分别匹配,并算出其相似度,找到相似度最大特征图像所属的类别,作为该物体图像所属的类别;

如此类推,直到其相似度达到预期要求。

本方法所提供的一种数字城市全自动生成的方法,能够全自动地实时生成大范围的数字城市,满足了对时效性要求高的城市应用;并且只需要遥感影像、DEM 作为基本的数据即可,成本非常低,满足了在全国乃至全世界推广数字城市,并使之在政府、商业、生活等中得到应用成为可能。

7.1.3　数字城市全自动生成的方法

本方法的数字城市全自动生成的方法,其利用了遥感影像,具体在一通用计算机包括以下步骤:

第 1 步,通过阴影监测算法,监测出遥感影像上所有阴影的长度,关于阴影长度的计算是现有技术所公知的;

第 2 步,将城市的遥感影像进行矢量化,从而获取不同城市物体的形状;并将物体的位置与阴影的位置进行匹配,从而获取物体的高度;关于矢量化的计算过程也是现有技术所公知的,因此,不再赘述;

第 3 步,采集城市中各种建筑、车辆等的图像及其相应模型,放入知识库,如图 6.4 所示,首先分析遥感影像中的城市数据,将城市中的个体分类,如车辆、楼房等,并从遥感影像中抽取个人的特征图像,自动加入图像库,根据个体特征图像,经过人眼的识别判断加上实地采集该个体的三维信息,然后建模并加入模型库;

第 4 步,根据图像库中不同物体的图像的特性在遥感影像中识别不同的物体,从而获取不同城市物体的类型及其顶座形状;该过程中根据图像库中每一类物体的二级特征图像对遥感影像中的该类物体进行匹配,从而识别各物体属于哪一子类;如此类推,知道识别的效果达到了要求,从而获取影像中所有城市物体的具体类型;

第 5 步,根据城市物体的不同类型、底座形状、顶座形状、高度结合模型库,自动生成城市物体的三维模型;

第 6 步,根据 DEM 和遥感影像获取数字城市的地貌及其地形的高低起伏;

第 7 步,将这些上述城市物体的三维模型,根据它们二维坐标的位置镶到具有高程的遥感影像中,到这一步就已经自动生成了数字城市。

上述自动生成的整个过程如图 7.1 所示的,以下详细介绍本方法自动生成数字城市的几个关键步骤:

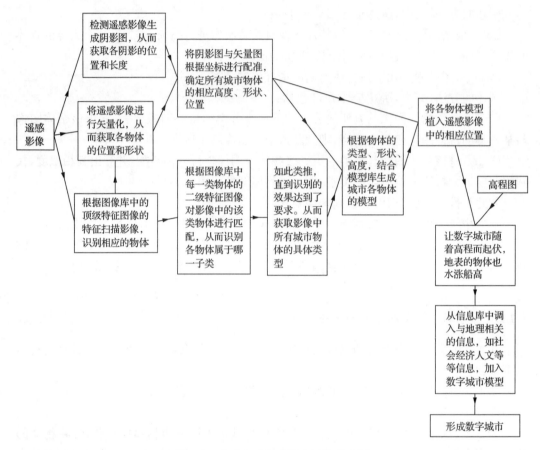

图 7.1　自动生成数字城市过程示意图

第一步,自动建立城市物体的三维模型。

在进行数字城市的自动生成之前,本方法需要首先建立识别规则库、图像库、模型库,如图 6.11～图 6.13 所示,在图 6.11 所示的识别规则库中的规则按照不同方面的匹配进行划分,如形状相似度和差异的检测规则、结构相似度和差异的检测规则、统计相似度和差异的检测规则、颜色相似度和差异的检测规则、灰度相似度和差异的检测规则、纹理相似度和差异的检测规则、所处环境相似度和差异的检测规则等。

在图 6.12 所示所述图像库中的图像采样自遥感影像,具体为:从遥感影像中提取各种类型的个体的有代表性的图像,并且将这些有代表性的图像进行分类,抽取共性,第一级特征图像;然后再在此级别进行划分出子类,并在子类的所有图像中抽取共性,给该子类赋予一个特征图像,如此类推,直到其划分基本上代表了该个体有代表性的各种类型为止。

本方法中如图 6.13 所示模型库的分类结构与图像库的分类结构基本一致,图像库中的一个图像基本上与模型库中的一个模型相对应,但模型库中的模型可以是使用建模的工具建起来的静态模型,也可以是使用参数描述的可以在需要时实时渲染的三维模型。动态模型比静态模型更容易修正,使用静态模型比使用动态模型更实时,但表达的真实性没有经过修正后的动态模型好。所以本方法可以在自动生成数字城市时先使用静态模型,再逐渐用修正后的动态模型替换掉先前的静态模型。

如图 6.14 所示为本方法的图像库与模型库之间的映射关系,先根据图像库对遥感影像中的物体进行抽取和识别,然后将抽取出来的物体与图像库中的相应类别的子类进行相似度比较,并检索出图像库中与该物体相似度最大的图像,并映射到模型库中相应的模型。通过知识库对遥感影像中的个体进行自动建模的过程如下:根据图像库中的第一级特征图像对遥感影像进行扫描,得到每一个大类的物体的集合。例如,第一级分类有建筑的特征图像、桥梁的特征图像、广场的特征图像、花草树木的特征图像、水的特征图像等。判断该物体与这些特征图像之间的相似度。

该相似度包括:形状的相似度、结构的相似度、统计的相似度、颜色的相似度、灰度的相似度、纹理的相似度、所处环境的相似度等。可见相似度有很多分量,本方法通过对个体的初始分析来决定采用哪些相似度,并在判断该个体与图像库中图像的相似度时给不同类型的相似度赋予不同的权值,然后在判别最终相似度时采用加权的方法。

本方法从遥感影像中提取出某一个物体之后,从图像库中找出该物体所属的最准确的分类(如建筑/高建筑/写字楼),其方法是:首先将该物体图像与其所属分类的下一级分类的特征图像比较,如果该个体图像与 X 类的特征图像相似度最高,那么便可以判断该个体图像属于 X 类;再将该个体图像与 X 类的下一级各特征图像进行分别匹配,并算出其相似度,找到相似度最大特征图像所属的类别(假设为 Y)的作为该物体图像所属的类别,然后可以继续与 Y 的下一级特征图像进行比较,如此类推,直到其相似度达到预期要求。

如本方法根据需要规定:对于建筑来说相似度达到 80% 即可。那么其最终匹配并相似度最大的子类的特征图像是该个体图像的孪生图像,该孪生图像通过图像库与模型库之间的映射规则,就可以得到该孪生图像所对应的孪生三维模型。该三维模型中蕴含了大量的人的先验知识,以及从自然界与数字城市之间蕴含的大量的模糊的难以表达但实际存在的大量知识,这些知识都是通过建立图像库和模型库以及它们之间的映射关系时隐含进去的。

以前述建筑的例子来说,如果该个体与它在图像库中的孪生图像的相似度达到80%,本方法还可以判断出它们的 20% 差在哪里,根据这 20% 的差异,并将该差异分解到形状的差异、结构的差异、统计的差异、颜色的差异、灰度的差异、纹理的差异、所处环境的差异等。而这些二维图像上的差异将会与三维模型上的差异有一个映射规则,根据该规则,本方法就可以对该个体的孪生模型进行修正,最终得到比较理想的该个体的逼真模型。

第二步,自动生成城市物体的高度。

本方法根据遥感影像中的阴影,算出各阴影的长度,再将各阴影与各物体的位置进行配准,便可以得到各个物体的高度。遥感影像如图 7.2 所示,本方法检测出来的阴影图如图 7.3 所示。

图 7.2　一方案的遥感影像图

图 7.3　阴影示意图

　　第三步,自动将物体植入城市的遥感影像(地貌)中。

　　将遥感影像中的物体模型重新植入遥感影像的过程如下:从遥感影像中提取个体的时候,本方法就已经在程序中记下了该个体的二维坐标,以及该个体的不同的边的方位。根据该个体图像在遥感影像中的坐标和方位,本方法就可以将其通过上一步自动生成的逼真模型以正确的朝向、角度、位置植入遥感影像中,从而可以自动的重现城市中各种物体形象。

　　第四步,本方法将遥感影像覆盖到数字高程模型 DEM 上,使得遥感影像根据 DEM

的数据而有所起伏,同时遥感影像上所有个体的三维模型也同样随之起伏,从而这是模拟一个城市的实际地理形状。

经过以上几步就完全实现了从单一遥感影像和相应的高程图自动生成三维数字城市,本方法通过遥感影像图 7.2 生成的数字城市形象如图 7.4 所示,可以看到,本方法能够全自动地实时生成大范围的数字城市,满足对时效性要求高的城市应用;并且只需要遥感影像、DEM 作为基本的数据即可,成本非常低,满足了在全国乃至全世界推广数字城市并使之在政府、商业、生活等中得到应用成为可能。

图 7.4　所绘制数字城市的效果示意图

本方法可以为城市应急指挥系统服务,融合各种遥感数据自动实时地生成数字城市,以实时数字城市的布局、地形、道路等信息为基础,并结合气象观测数据(风温资料)模拟城市风场,从而可以动态模拟大气污染扩散等突发事件的发展趋势,并可以实时动态逼真地显示给城市指挥者,提供决策参考。

利用本方法可以为城市违章建筑监测服务,通过融合各种遥感数据自动实时地生成数字城市,通过比较数字城市中的建筑与规划数据,就可以将不同的违章建筑准确地找到并显示给城市规划管理者。

利用本方法还可以用于很多其他方面,例如居民可不出家门享受虚拟商场、虚拟医院、虚拟戏院及虚拟旅游等方面的服务;城市应急救灾指挥人员不出指挥所就能看到最佳的救援路线和现场情况;警察不用出警察局就能马上定位到犯罪分子的所在位置,监视犯罪分子的一举一动,并能立即确定最佳的抓捕路线;规划部门不用实地考察,就能看见所有的用地和住房,从而做出最合理的决策;交通管理部门不用站在马路上就能看到所有道路的交通状况,从而做出最合理的调度。

须说明的是,本方法还可以采用其他办法生成物体的高度、检测物体的类型、生成高程等,并且除了遥感影像,还可以使用照片、微波遥感、无线传感器等获得数据。

7.2 多媒体的并行处理

本方法提出一种多媒体数据并行处理系统,包括:需求初始化模块,根据多媒体数据信息及用户输入的需求信息产生并行处理需求;并行切分规划模块,根据多媒体数据信息及并行处理需求产生并行切分点的有序集合;并行切分模块,对多媒体数据进行切分处理,产生多媒体数据的切分集合;并行处理进程生成模块,根据多媒体数据的切分集合,产生与集合中各切分分别对应的并行处理进程;并行处理模块,并行运行与各切分对应的并行处理进程,得到多媒体数据各切分的并行处理结果;处理结果合并模块,对多媒体数据各切分的并行处理结果进行合并。本方法还提出一种多媒体数据并行处理方法。本方法实现自动设定参数切分多媒体数据、自动并行处理多媒体数据。

7.2.1 现有多媒体并行技术的不足

目前现有技术对视频等多媒体数据的处理大部分采用串行处理的方式,效率较低。采用并行处理方式比串行的方式要更快速,但现有技术需由人工指定参数如切分,再对多媒体数据进行并行处理如切分。对于海量、实时多媒体数据的处理需求,由人工指定参数的方式并行处理则需要大量的人工处理时间,虽然比串行处理方式有所进步,但效率还是不够高。

7.2.2 多媒体自动切分并行的原理

本方法提出一种多媒体数据并行处理系统,包括:需求初始化模块,根据多媒体数据信息及接收用户输入的需求信息,处理产生并行处理需求;并行切分规划模块,根据多媒体数据信息及并行处理需求,处理产生并行切分点的有序集合;并行切分模块,根据并行切分点的有序集合对多媒体数据进行切分处理,产生多媒体数据的切分集合;并行处理进程生成模块,根据多媒体数据的切分集合,产生与集合中各切分分别对应的并行处理进程;并行处理模块,并行运行与各切分对应的并行处理进程,对多媒体数据的各切分分别进行处理,得到多媒体数据各切分的并行处理结果;处理结果合并模块,对多媒体数据各切分的并行处理结果进行合并,得到多媒体数据处理结果。

上述多媒体数据信息包括但不限于多媒体数据按照串行方式所需的处理时间长度 t_s、多媒体数据中没有相关性的最小片段所需的处理时间长度的有序集合即第一有序集合 T_1 为 $\{t_1, t_2, \cdots, t_n\}$;上述需求初始化模块产生的并行处理需求包括但不限于用户期望完成多媒体数据处理的时间长度 t_p,$t_s = t_1 + t_2 + \cdots + t_n$。

上述并行切分规划模块根据多媒体数据按照串行方式所需的处理时间长度 t_s 和用户期望完成多媒体数据处理的时间长度 t_p,计算产生并行处理需要的并行度 $p = \lceil t_p/t_s \rceil$;上述并行切分规划模块比较多媒体数据中没有相关性的最小片段数 n 和并行处理需要的并行度 p,根据比较结果产生并行切分点的有序集合 T。

若并行切分规划模块比较得出多媒体数据中没有相关性的最小片段数 n 小于等于并

行处理需要的并行度 p,则将当前的有序集合 T_1 作为并行切分点的有序集合 T。

若并行处理规划模块比较得出多媒体数据中没有相关性的最小片段数 n 大于并行处理需要的并行度 p,则将第一有序集合 T_1 中各相邻的 2 元素相加,得到第二有序集合 $T_2 = \{t_1 + t_2, t_2 + t_3, t_3 + t_4, \cdots, t_{n-1} + t_n\}$;进而得到第二有序集合 T_2 中最小的元素 $t_i + t_{i+1}$,从第一有序集合 T_1 中删除元素 t_i 和 t_{i+1},在删除元素的位置插入第二有序集合 T_2 中最小的元素 $t_i + t_{i+1}$,得到第三有序集合 $T_3 = \{t'_1, t'_2, \cdots, t'_m\}$。

其中,并行切分规划模块比较多媒体数据中没有相关性的最小片段数 n 减去 1 所得差值与并行处理需要的并行度 p,若多媒体数据中没有相关性的最小片段数 n 减去 1 所得差值小于等于并行处理需要的并行度 p,则将当前的第三有序集合 T_3 作为并行切分点的有序集合 T。

若多媒体数据中没有相关性的最小片段数 n 减去 1 所得差值大于并行处理需要的并行度 p,则重复将第一有序集合 T_1 中各相邻的 2 元素相加,得到第二有序集合 $T_2 = \{t_1 + t_2, t_2 + t_3, t_3 + t_4, \cdots, t_{n-1} + t_n\}$;进而得到第二有序集合 T_2 中最小的元素 $t_i + t_{i+1}$,从第一有序集合 T_1 中删除元素 t_i 和 t_{i+1},在删除元素的位置插入第二有序集合 T_2 中最小的元素 $t_i + t_{i+1}$,得到第三有序集合 T_3 的步骤,直到多媒体数据中没有相关性的最小片段数 n 减去 1 所得差值小于等于并行处理需要的并行度 p,则将当前的第三有序集合 T_3 作为并行切分点的有序集合 T。

其中,并行切分模块根据并行切分点的有序集合 T 中的时间点,从多媒体数据 v 的数据头开始,切分出并行切分点的有序集合 T 中第一元素 t'_1 时间长度的第一多媒体数据片段 v_1,从剩下的多媒体数据中切出并行切分点的有序集合 T 中第 2 元素 t'_2 时间长度的第二多媒体数据片段 v_2;如此逐个处理得到 m 个多媒体数据片段,得到多媒体数据切分集合 $V = \{v_1, v_2, \cdots, v_m\}$。

其中,并行处理进程生成模块根据预设的多媒体数据处理进程,对多媒体数据切分集合 V 中的每一多媒体数据片段分别产生一并行处理进程,得到 m 个多媒体数据处理进程的集合 $P = \{p_1, p_2, \cdots, p_m\}$,即与多媒体数据切分集合 V 中各切分分别对应的并行处理进程;其中各多媒体数据处理进程的输入参数为其对应的多媒体数据片段的起止时刻、字节数和/或标识。

其中,并行处理模块并行运行多媒体数据处理进程集合 P 中的 m 个多媒体数据处理进程,分别对多媒体数据切分集合 V 中的每一多媒体数据片段进行处理,得到多媒体数据的 m 个并行处理结果,m 个并行处理结果形成并行处理结果集合 $V' = \{v'_1, v'_2, \cdots, v'_m\}$。

其中,处理结果合并模块将结果并行处理结果集合 V' 中的各元素进行合并,形成一多媒体数据文件,即得到多媒体数据处理结果。

本方法还提出一种多媒体数据并行处理方法,包括:根据多媒体数据信息及接收用户输入的需求信息,处理产生并行处理需求的步骤;根据多媒体数据信息及并行处理需求,处理产生并行切分点的有序集合的步骤;根据并行切分点的有序集合对多媒体数据进行切分处理,产生多媒体数据的切分集合的步骤;根据多媒体数据的切分集合,产生与集合中各切分分别对应的并行处理进程的步骤;并行运行与各切分对应的并行处理进程,对多媒体数据的各切分分别进行处理,得到多媒体数据各切分的并行处理结果的步骤;对多媒体数据各切分的并行处理结果进行合并,得到多媒体数据处理结果的步骤。

其中,上述根据多媒体数据信息及接收用户输入的需求信息,处理产生并行处理需求的步骤,其中多媒体数据信息包括但不限于多媒体数据按照串行方式所需的处理时间长度 t_s、多媒体数据中没有相关性的最小片段所需的处理时间长度的有序集合,即第一有序集合 T_1 为 $\{t_1, t_2, \cdots, t_n\}$;并行处理需求包括但不限于用户期望完成多媒体数据处理的时间长度 t_p,$t_s = t_1 + t_2 + \cdots + t_n$。

根据多媒体数据信息及并行处理需求,处理产生并行切分点的有序集合的步骤,是根据多媒体数据按照串行方式所需的处理时间长度 t_s 和用户期望完成多媒体数据处理的时间长度 t_p,计算产生并行处理需要的并行度 $p = \lceil t_p / t_s \rceil$。

比较多媒体数据中没有相关性的最小片段数 n 和并行处理需要的并行度 p,根据比较结果产生并行切分点的有序集合 T。

若比较得出多媒体数据中没有相关性的最小片段数 n 小于等于并行处理需要的并行度 p,将当前有序集合即第一有序集合 T_1 作为并行切分点的有序集合 T。

若比较得出多媒体数据中没有相关性的最小片段数 n 大于并行处理需要的并行度 p,则将第一有序集合 T_1 中各相邻的 2 元素相加,得到第二有序集合 $T_2 = \{t_1 + t_2, t_2 + t_3, t_3 + t_4, \cdots, t_{n-1} + t_n\}$;进而得到第二有序集合 T_2 中最小的元素 $t_i + t_{i+1}$,从第一有序集合 T_1 中删除元素 t_i 和 t_{i+1},在删除元素的位置插入第二有序集合 T_2 中最小的元素 $t_i + t_{i+1}$,得到第三有序集合 $T_3 = \{t'_1, t'_2, \cdots, t'_m\}$。

比较多媒体数据中没有相关性的最小片段数 n 减去 1 所得差值与并行处理需要的并行度 p,若多媒体数据中没有相关性的最小片段数 n 减去 1 所得差值小于等于并行处理需要的并行度 p,则将当前有序集合即第三有序集合 T_3 作为并行切分点的有序集合 T。

若多媒体数据中没有相关性的最小片段数 n 减去 1 所得差值大于并行处理需要的并行度 p,则重复将第一有序集合 T_1 中各相邻的 2 元素相加,得到第二有序集合 $T_2 = \{t_1 + t_2, t_2 + t_3, t_3 + t_4, \cdots, t_{n-1} + t_n\}$;进而得到第二有序集合 T_2 中最小的元素 $t_i + t_{i+1}$,从第一有序集合 T_1 中删除元素 t_i 和 t_{i+1},在删除元素的位置插入第二有序集合 T_2 中最小的元素 $t_i + t_{i+1}$,得到第三有序集合 T_3 的步骤,直到多媒体数据中没有相关性的最小片段数 n 减去 1 所得差值小于等于并行处理需要的并行度 p,则将当前的第三有序集合 T_3 作为并行切分点的有序集合 T。

根据并行切分点的有序集合对多媒体数据进行切分处理,产生多媒体数据的切分集合的步骤,是根据并行切分点的有序集合 T 中的时间点,从多媒体数据 v 的数据头开始,切分出并行切分点的有序集合 T 中第一元素 t'_1 时间长度的第一多媒体数据片段 v_1,从剩下的多媒体数据中切出并行切分点的有序集合 T 中第 2 元素 t'_2 时间长度的第二多媒体数据片段 v_2;如此逐个处理得到 m 个多媒体数据片段,得到多媒体数据切分集合 $V = \{v_1, v_2, \cdots, v_m\}$。

根据多媒体数据的切分集合,产生与集合中各切分分别对应的并行处理进程的步骤,是根据预设的多媒体数据处理进程,对多媒体数据切分集合 V 中的每一多媒体数据片段分别产生一并行处理进程,得到 m 个多媒体数据处理进程的集合 $P = \{p_1, p_2, \cdots, p_m\}$,即与多媒体数据切分集合 V 中各切分分别对应的并行处理进程;其中各多媒体数据处理进程的输入参数为其对应的多媒体数据片段的起止时刻、字节数和/或标识。

并行运行与各切分对应的并行处理进程,对多媒体数据的各切分分别进行处理,得到多媒体数据各切分的并行处理结果的步骤,是并行运行多媒体数据处理进程集合 P 中的 m 个多媒体数据处理进程,分别对多媒体数据切分集合 V 中的每一多媒体数据片段进行处理,得到多媒体数据的 m 个并行处理结果,m 个并行处理结果形成并行处理结果集合 $V' = \{v'_1, v'_2, \cdots, v'_m\}$。

对多媒体数据各切分的并行处理结果进行合并,得到多媒体数据处理结果的步骤,是将结果并行处理结果集合 V' 中的各元素进行合并,形成一多媒体数据文件,即得到多媒体数据处理结果。

采用本方法的多媒体数据并行处理系统及方法可免除人工设定参数的劳动,实现自动设定参数切分多媒体数据、自动并行处理多媒体数据,大大缩短了多媒体数据处理的时间,提高并行化处理速度,降低处理成本,对于目前靠串行处理或靠人工设定参数切分实现并行处理的多媒体数据处理产业具有重大意义。

7.2.3　多媒体自动切分并行的方法

为了使本方法的目的、技术方案及优点更加清楚明白,以下结合附图及实施例,对本方法进行进一步详细说明。应当理解,此处所描述的具体方案仅仅用以解释本方法,并不用于限定本方法。

本方法第一方案参照图 7.5 示出的多媒体数据并行处理系统结构图,本方法提出一方案,一种多媒体数据并行处理系统包括:需求初始化模块 1,根据多媒体数据信息及接收用户输入的需求信息,处理产生并行处理需求;并行切分规划模块 2,根据多媒体数据信息及并行处理需求,处理产生并行切分点的有序集合;并行切分模块 3,根据并行切分点的有序集合对多媒体数据进行切分处理,产生多媒体数据的切分集合;并行处理进程生成模块 4,根据多媒体数据的切分集合,产生与集合中各切分分别对应的并行处理进程;并行处理模块 5,并行运行与各切分对应的并行处理进程,对多媒体数据的各切分分别进行处理,得到多媒体数据各切分的并行处理结果;处理结果合并模块 6,对多媒体数据各

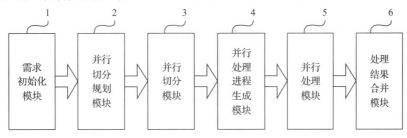

图 7.5　多媒体数据并行处理系统结构图

切分的并行处理结果进行合并,得到多媒体数据处理结果。

上述切分又称分割,是将多媒体数据分成至少两部分。

上述多媒体数据包括但不限于视频、音频、文字、图片、动画短片、可运行程序等一种或多种格式的多媒体数据。

基于上述方案,本方法提出可采用时间、文件大小、章节、标识等多种参数及其组合来对多媒体数据进行切分。本方案给出采用时间作为参数来切分多媒体数据的示例。

参照图 7.6、图 7.7 示出的流程示意图,本方案中的多媒体数据信息包括但不限于:多媒体数据按照串行方式所需的处理时间长度 t_s、多媒体数据中没有相关性的最小片段所需的处理时间长度的有序集合,即第一有序集合 T_1 为 $\{t_1, t_2, \cdots, t_n\}$;需求初始化模块 1 产生的并行处理需求包括但不限于:用户期望完成多媒体数据处理的时间长度 t_p,其中 $t_s = t_1 + t_2 + \cdots + t_n$。

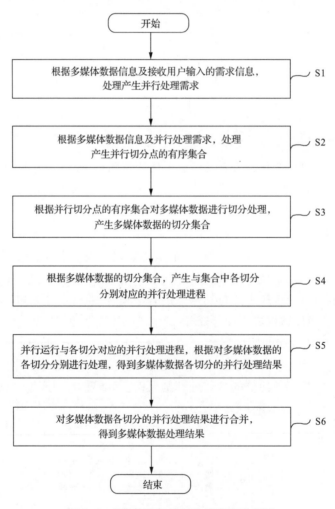

图 7.6 多媒体数据并行处理流程示意图

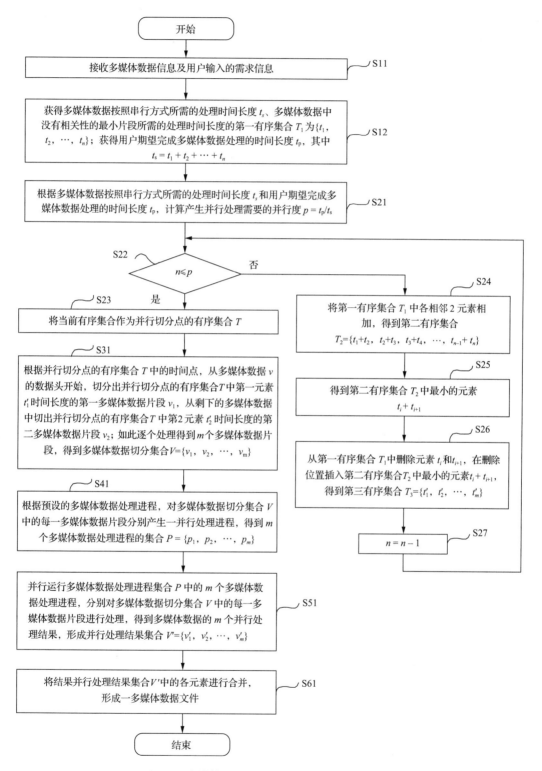

图 7.7　多媒体数据并行处理方法详细流程示意图

　　并行切分规划模块 2 根据多媒体数据信息及并行处理需求,处理产生并行切分点的有序集合,具体是根据多媒体数据按照串行方式所需的处理时间长度 t_s 和用户期望完成多媒体数据处理的时间长度 t_p,计算产生并行处理需要的并行度 $p = \lceil t_p/t_s \rceil$。其中 $\lceil \ \rceil$ 表示向上取整,例如当 $t_p/t_s = 3.5$,则 $p = 4$。并行切分规划模块 2 比较多媒体数据中没有相关性的最小片段数 n 和并行处理需要的并行度 p,根据比较结果产生并行切分点的有序集合 T。

　　基于上述方案,本方法给出一方案,说明并行切分点的有序集合 T 的具体生成方案:

　　并行切分规划模块 2 比较多媒体数据中没有相关性的最小片段数 n 和并行处理需要的并行度 p:

　　若比较得出多媒体数据中没有相关性的最小片段数 n 小于等于并行处理需要的并行度 p,则将第一有序集合 T_1 作为并行切分点的有序集合 T;

　　若比较得出多媒体数据中没有相关性的最小片段数 n 大于并行处理需要的并行度 p,则将第一有序集合 T_1 中各相邻的 2 元素相加,得到第二有序集合 $T_2 = \{t_1+t_2, t_2+t_3, t_3+t_4, \cdots, t_{n-1}+t_n\}$;进而得到第二有序集合 T_2 中最小的元素 t_i+t_{i+1},从第一有序集合 T_1 中删除元素 t_i 和 t_{i+1},在删除元素的位置插入第二有序集合 T_2 中最小的元素 t_i+t_{i+1},得到第三有序集合 $T_3 = \{t_1', t_2', \cdots, t_m'\}$;

　　并行切分规划模块 2 比较多媒体数据中没有相关性的最小片段数 n 减去 1 所得差值与并行处理需要的并行度 p,若多媒体数据中没有相关性的最小片段数 n 减去 1 所得差值小于等于并行处理需要的并行度 p,则将当前的第三有序集合 T_3 作为并行切分点的有序集合 T;

　　若多媒体数据中没有相关性的最小片段数 n 减去 1 所得差值大于并行处理需要的并行度 p,则重复将第一有序集合 T_1 中各相邻的 2 元素相加,得到第二有序集合 $T_2 = \{t_1+t_2, t_2+t_3, t_3+t_4, \cdots, t_{n-1}+t_n\}$;进而得到第二有序集合 T_2 中最小的元素 t_i+t_{i+1},从第一有序集合 T_1 中删除元素 t_i 和 t_{i+1},在删除元素的位置插入第二有序集合 T_2 中最小的元素 t_i+t_{i+1},得到第三有序集合 T_3 的步骤,直到多媒体数据中没有相关性的最小片段数 n 减去 1 所得差值小于等于并行处理需要的并行度 p,则将当前的第三有序集合 T_3 作为并行切分点的有序集合 T。

　　并行切分模块 3 根据并行切分点的有序集合对多媒体数据进行切分处理,产生多媒体数据的切分集合,具体是根据并行切分点的有序集合 T 中的时间点,从多媒体数据 v 的数据头开始,切分出并行切分点的有序集合 T 中的第一元素 t_1' 时间长度的第一多媒体数据片段 v_1,从剩下的多媒体数据中切出并行切分点的有序集合 T 中第 2 元素 t_2' 时间长度的第二多媒体数据片段 v_2;如此逐个处理得到 m 个多媒体数据片段,得到多媒体数据切分集合 $V = \{v_1, v_2, \cdots, v_m\}$。

　　并行处理进程生成模块 4 根据多媒体数据的切分集合,产生与集合中各切分分别对应的并行处理进程,具体是根据预设的多媒体数据处理进程,对多媒体数据切分集合 V 中的每一多媒体数据片段分别产生一并行处理进程,得到 m 个多媒体数据处理进程的集

合 $P = \{p_1, p_2, \cdots, p_m\}$，即与多媒体数据切分集合 V 中各切分分别对应的并行处理进程；其中各多媒体数据处理进程的输入参数包括但不限于其对应的多媒体数据片段的起止时刻、字节数和/或标识。

并行处理模块 5 并行运行与各切分对应的并行处理进程，对多媒体数据的各切分分别进行处理，得到多媒体数据各切分的并行处理结果，具体是并行运行多媒体数据处理进程集合 P 中的 m 个多媒体数据处理进程，分别对多媒体数据切分集合 V 中的每一多媒体数据片段进行处理，得到多媒体数据的 m 个并行处理结果，m 个并行处理结果形成并行处理结果集合 $V' = \{v'_1, v'_2, \cdots, v'_m\}$。

处理结果合并模块 6 对多媒体数据各切分的并行处理结果进行合并，得到多媒体数据处理结果，具体是将结果并行处理结果集合 V' 中的各元素进行合并，形成一多媒体数据文件，即得到多媒体数据处理结果。

采用上述方案中的多媒体数据并行处理系统，可免除人工设定参数的劳动，系统自动切分、自动并行处理多媒体数据，大大缩短了多媒体数据处理的时间，提高并行化处理速度，降低处理成本，对于目前靠串行处理或靠人工设定参数切分实现并行处理的多媒体数据处理产业具有重大意义。采用本方法技术还可以充分利用并行计算机、分布式计算机、云计算系统的分布式并行处理特性，同时并行处理多媒体数据。

参照图 7.14 示出的多媒体数据并行处理流程示意图，本方法提出一种多媒体数据并行处理方法，包括：

步骤 S1，根据多媒体数据信息及接收用户输入的需求信息，处理产生并行处理需求；

步骤 S2，根据多媒体数据信息及并行处理需求，处理产生并行切分点的有序集合；

步骤 S3，根据并行切分点的有序集合对多媒体数据进行切分处理，产生多媒体数据的切分集合；

步骤 S4，根据多媒体数据的切分集合，产生与集合中各切分分别对应的并行处理进程；

步骤 S5，并行运行与各切分对应的并行处理进程，对多媒体数据的各切分分别进行处理，得到多媒体数据各切分的并行处理结果；

步骤 S6，对多媒体数据各切分的并行处理结果进行合并，得到多媒体数据处理结果。

参照图 7.15 示出的多媒体数据并行处理详细流程示意图，本方法提出一方案，包括：

步骤 S11，接收多媒体数据信息及接收用户输入的需求信息。

步骤 S12，根据多媒体数据信息及接收用户输入的需求信息处理产生并行处理需求，其中多媒体数据信息包括但不限于多媒体数据按照串行方式所需的处理时间长度 t_s、多媒体数据中没有相关性的最小片段所需的处理时间长度的有序集合，即第一有序集合 T_1 为 $\{t_1, t_2, \cdots, t_n\}$；并行处理需求包括但不限于用户期望完成多媒体数据处理的时间长度 t_p，其中 $t_s = t_1 + t_2 + \cdots + t_n$。

步骤 S21，根据多媒体数据按照串行方式所需的处理时间长度 t_s 和用户期望完成多媒体数据处理的时间长度 t_p，计算产生并行处理需要的并行度 $p = \lceil t_p / t_s \rceil$。

步骤 S22,比较多媒体数据中没有相关性的最小片段数 n 和并行处理需要的并行度 p,根据比较结果产生并行切分点的有序集合 T。

步骤 S23,若比较得出多媒体数据中没有相关性的最小片段数 n 小于等于并行处理需要的并行度 p,则将当前有序集合作为并行切分点的有序集合 T。

步骤 S24,若比较得出多媒体数据中没有相关性的最小片段数 n 大于并行处理需要的并行度 p,则将第一有序集合 T_1 中各相邻的 2 元素相加,得到第二有序集合 $T_2 = \{t_1 + t_2, t_2 + t_3, t_3 + t_4, \cdots, t_{n-1} + t_n\}$。

步骤 S25,得到第二有序集合 T_2 中最小的元素 $t_i + t_{i+1}$。

步骤 S26,从第一有序集合 T_1 中删除元素 t_i 和 t_{i+1},在删除元素的位置插入第二有序集合 T_2 中最小的元素 $t_i + t_{i+1}$,得到第三有序集合 $T_3 = \{t'_1, t'_2, \cdots, t'_m\}$。

步骤 S27,比较多媒体数据中没有相关性的最小片段数 n 减去 1 所得差值与并行处理需要的并行度 p,若多媒体数据中没有相关性的最小片段数 n 减去 1 所得差值小于等于并行处理需要的并行度 p,则将当前的第三有序集合 T_3 作为并行切分点的有序集合 T。

若多媒体数据中没有相关性的最小片段数 n 减去 1 所得差值大于并行处理需要的并行度 p,则重复进行步骤 S24 至步骤 S27,将第一有序集合 T_1 中各相邻的 2 元素相加,得到第二有序集合 $T_2 = \{t_1 + t_2, t_2 + t_3, t_3 + t_4, \cdots, t_{n-1} + t_n\}$;进而得到第二有序集合 T_2 中最小的元素 $t_i + t_{i+1}$,从第一有序集合 T_1 中删除元素 t_i 和 t_{i+1},在删除元素的位置插入第二有序集合 T_2 中最小的元素 $t_i + t_{i+1}$,得到第三有序集合 T_3 的步骤,直到多媒体数据中没有相关性的最小片段数 n 减去 1 所得差值小于等于并行处理需要的并行度 p,则进行步骤 S23,将当前的第三有序集合 T_3 作为并行切分点的有序集合 T。

步骤 S31,根据并行切分点的有序集合 T 中的时间点,从多媒体数据 v 的数据头开始,切分出并行切分点的有序集合 T 中第一元素 t'_1 时间长度的第一多媒体数据片段 v_1,从剩下的多媒体数据中切出并行切分点的有序集合 T 中第 2 元素 t'_2 时间长度的第二多媒体数据片段 v_2;如此逐个处理得到 m 个多媒体数据片段,得到多媒体数据切分集合 $V = \{v_1, v_2, \cdots, v_m\}$。

步骤 S41,根据预设的多媒体数据处理进程,对多媒体数据切分集合 V 中的每一多媒体数据片段分别产生一并行处理进程,得到 m 个多媒体数据处理进程的集合 $P = \{p_1, p_2, \cdots, p_m\}$,即与多媒体数据切分集合 V 中各切分分别对应的并行处理进程;其中各多媒体数据处理进程的输入参数为其对应的多媒体数据片段的起止时刻、字节数和/或标识。

步骤 S51,并行运行多媒体数据处理进程集合 P 中的 m 个多媒体数据处理进程,分别对多媒体数据切分集合 V 中的每一多媒体数据片段进行处理,得到多媒体数据的 m 个并行处理结果,m 个并行处理结果形成并行处理结果集合 $V' = \{v'_1, v'_2, \cdots, v'_m\}$。

步骤 S61,将结果并行处理结果集合 V' 中的各元素进行合并,形成一多媒体数据文件,即得到多媒体数据处理结果。

7.3　多机器人巡逻

本方法给出了一种可扩展多机器人巡逻方法,在巡逻区域内有新的巡逻机器人加入或者有巡逻机器人退出时能够自动调整巡逻区域内的每个巡逻机器人的巡逻子区域和巡逻面积。通过自动调整巡逻区域内每个巡逻机器人的巡逻子区域和巡逻面积,能够对巡逻区域进行全面的监控,防止出现因巡逻机器人的退出造成巡逻区域出现巡逻死角,也防止新的巡逻机器人加入造成巡逻区域重叠造成资源浪费,使巡逻效果更好。同时,本方法还给出了一种可扩展多机器人巡逻系统。

7.3.1　现有多机器人巡逻技术的不足

随着社会经济的发展,超级市场、机场、车站、会展中心及物流仓库等大型人流、物流场所的规模和数量不断扩大,以往以人防为主的防范措施已满足不了人们的需求。

在这样的背景下,能够自主巡逻的机器人应运而生。巡逻机器人是一个集成环境感知、路线规划、动态决策、行为控制以及报警模块为一体的多功能综合系统,能够实现定时、定点监控巡逻或者流动巡逻。在巡逻区域较大或巡逻情况较复杂时,可采用多机器人巡逻系统进行巡逻。

现有多机器人巡逻时,只考虑了固定数量的多机器人巡逻的方法,而没有考虑新机器人加入或已有机器人退出的情况。在多机器人巡逻的过程中,可能会出现新的机器人加入的情况,如机器人数量不够时会增加新的机器人,故障机器人被修复后会出现机器人加入情况;也可能会有已有机器人退出的情况,如机器人数量过多时会出现机器人退出情况,机器人出现了故障时会出现机器人退出情况。在这些情况下,如果对各机器人的巡逻面积不及时进行调整,就会影响巡逻的效果。

7.3.2　可扩展多机器人巡逻的原理

有必要针对多机器人巡逻时出现新巡逻机器人加入或巡逻机器人退出时不能及时调整巡逻机器人的巡逻面积从而影响巡逻效果的问题,提供一种在有新巡逻机器人加入或巡逻机器人退出时能及时调整巡逻机器人的巡逻面积的可扩展多机器人巡逻方法。

同时,还提供一种可扩展多机器人巡逻系统。

一种可扩展多机器人巡逻方法,包括如下步骤:

判断是否有新的巡逻机器人加入或是否有巡逻机器人退出巡逻区域;

当有新的巡逻机器人加入所述巡逻区域时,自动调整所述巡逻区域内每个巡逻机器人的巡逻子区域和巡逻面积,划出与所述新加入的巡逻机器人的巡逻能力相匹配的巡逻子区域,并指定所述新加入的巡逻机器人在所述划出的巡逻子区域中巡逻;

当有巡逻机器人退出所述巡逻区域时,自动调整巡逻区域内每个巡逻机器人的巡逻子区域和巡逻面积,使空出的巡逻子区域被至少一部巡逻机器人覆盖。

在其中一个方案中,所述自动调整巡逻区域内每个巡逻机器人的巡逻面积为根据所述巡逻区域内每个巡逻机器人的巡逻能力的比例划分相应的巡逻面积。

在其中一个方案中,步骤当有新的巡逻机器人加入时,自动调整巡逻区域内每个巡逻机器人的巡逻面积具体包括如下步骤:

获取巡逻区域内巡逻机器人的数量、每个巡逻机器人的巡逻能力和相应的巡逻面积,巡逻机器人数量记为 m,第 i 个巡逻机器人记为 R_i,R_i 的巡逻能力为 C_i,R_i 负责的第一巡逻面积为 A_i;

标记新加入的巡逻机器人为 R_{m+1},读取 R_{m+1} 的巡逻能力 C_{m+1};

计算巡逻机器人 R_i 的第二巡逻面积 A_i':

$$A_i' = \frac{A_1 + A_2 + \cdots + A_m}{C_1 + C_2 + \cdots + C_m + C_{m+1}} \cdot C_i$$

其中,$1 \leqslant i \leqslant m+1$;

将调整后巡逻机器人的第二巡逻面积 A_i' 对应发送给巡逻机器人 R_i。

在其中一个方案中,步骤当有巡逻机器人退出巡逻区域时,自动调整巡逻区域内每个巡逻机器人的巡逻面积具体包括如下步骤:

获取巡逻区域内巡逻机器人的数量、每个巡逻机器人的巡逻能力和相应的巡逻面积,巡逻机器人数量记为 m,第 i 个巡逻机器人记为 R_i,R_i 的巡逻能力为 C_i,R_i 负责的第一巡逻面积为 A_i;

标记退出巡逻机器人为 R_j,将巡逻机器人 R_{j+1} 至 R_m 重新标记为 R_j 至 R_{m-1},相应的巡逻能力由 C_{j+1} 至 C_m 重新标记为 C_j 至 C_{m-1};

计算巡逻机器人 R_i 的第三巡逻面积 A_i'':

$$A_i'' = \frac{A_1 + A_2 + \cdots + A_m}{C_1 + C_2 + \cdots + C_{m-1}} \cdot C_i$$

其中,$1 \leqslant i \leqslant m-1$;

将调整后巡逻机器人的第三巡逻面积 A_i'' 对应发送给巡逻机器人 R_i。

在其中一个方案中,所述每个巡逻机器人的巡逻能力不小于所述巡逻区域的面积。

一种可扩展多机器人巡逻系统,包括:

扩展判断模块,用于判断是否有新巡逻机器人加入或是否有巡逻机器人退出巡逻区域;

加入调整模块,连接所述扩展判断模块,用于当有新的巡逻机器人加入所述巡逻区域时,自动调整所述巡逻区域内每个巡逻机器人的巡逻子区域和巡逻面积,划出与所述新加入的巡逻机器人的巡逻能力相匹配的巡逻子区域;

退出调整模块,连接所述扩展判断模块,用于当有巡逻机器人退出所述巡逻区域时,自动调整巡逻区域内每个巡逻机器人的巡逻子区域和巡逻面积,使空出的巡逻子区域被至少一部巡逻机器人覆盖;

巡逻机器人通信模块,连接所述加入调整模块和所述退出调整模块,用于将调整后的巡逻子区域和巡逻面积相应发送给每个巡逻机器人。

在其中一个方案中,所述加入调整模块包括:

加入面积调整单元,连接所述扩展判断模块,用于当有新的巡逻机器人加入所述巡逻区域时,自动调整所述巡逻区域内每个巡逻机器人的巡逻面积;

加入区域调整单元,连接所述加入面积调整单元和所述巡逻机器人通信模块,用于根据所述调整后的每个巡逻机器人的巡逻面积自动调整所述巡逻区域内每个巡逻机器人的巡逻子区域,划出与所述新加入的巡逻机器人的巡逻能力相匹配的巡逻子区域。

在其中一个方案中,所述退出调整模块包括:

退出面积调整单元,连接所述扩展判断模块,用于当有巡逻机器人退出所述巡逻区域时,自动调整巡逻区域内每个巡逻机器人的巡逻面积;

退出区域调整单元,连接所述退出面积调整单元和所述巡逻机器人通信模块,用于根据所述自动调整后的巡逻区域内每个巡逻机器人的巡逻面积,调整巡逻区域内每个巡逻机器人的巡逻子区域,使空出的巡逻子区域被至少一部巡逻机器人覆盖。

上述可扩展多机器人巡逻方法和可扩展多机器人巡逻系统,在巡逻区域内有新的巡逻机器人加入或者有巡逻机器人退出时能够自动调整巡逻区域内的巡逻机器人的巡逻面积和巡逻区域。通过自动调整巡逻区域内巡逻机器人的巡逻面积和巡逻子区域,能够对巡逻区域进行全面的监控,防止出现因巡逻机器人的退出造成巡逻区域出现巡逻死角,也防止新的巡逻机器人加入造成巡逻区域重叠造成资源浪费,使巡逻效果更好。

7.3.3　可扩展多机器人巡逻的方法

一种可扩展多机器人巡逻方法和一种可扩展多机器人巡逻系统,通过监测巡逻区域内巡逻机器人的数量判断巡逻区域是否有新巡逻机器人加入或者有巡逻机器人退出,当有新巡逻机器人加入或者有巡逻机器人退出时重新调整巡逻区域内每个巡逻机器人的巡逻子区域和巡逻面积,防止出现巡逻死角和巡逻资源浪费的现象,使巡逻效果更好。

下面结合附图和方案对本方法一种可扩展多机器人巡逻方法和一种可扩展多机器人巡逻系统进行进一步详细说明。

图 7.8 所示,为本方法一方案的可扩展多机器人巡逻方法流程图。

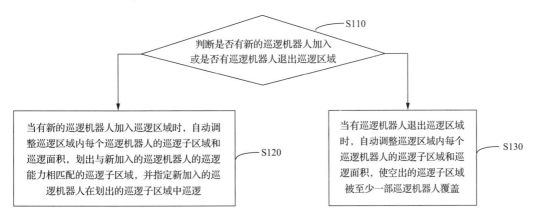

图 7.8　一方案的可扩展多机器人巡逻方法流程图

一种可扩展多机器人巡逻方法,具体包括如下步骤:

步骤 S110,判断是否有新的巡逻机器人加入或是否有巡逻机器人退出巡逻区域。

当巡逻区域内的巡逻机器人数量不够时会增加新的巡逻机器人,出现故障的巡逻机器人被修复后加入巡逻区域时也会出现巡逻机器人加入的情况。当巡逻机器人数量过多时、巡逻机器人出现了故障时会出现巡逻机器人退出情况。

在优选的方案中,可间隔定时判断巡逻区域内是否有新的巡逻机器人加入或是否有巡逻机器人退出,作为自动调整各个巡逻机器人的巡逻子区域和巡逻面积的依据。

判断是否有新的巡逻机器人加入或是否有巡逻机器人退出巡逻区域,如果有新的巡逻机器人加入则执行步骤 S120,如果有巡逻机器人退出则执行步骤 S130。

步骤 S120,当有新的巡逻机器人加入巡逻区域时,自动调整巡逻区域内每个巡逻机器人的巡逻子区域和巡逻面积,划出与新加入的巡逻机器人的巡逻能力相匹配的巡逻子区域,并指定新加入的巡逻机器人在划出的巡逻子区域中巡逻。

上述自动调整巡逻区域内每个巡逻机器人的巡逻面积为根据巡逻区域内每个巡逻机器人的巡逻能力的比例划分相应的巡逻面积。

巡逻机器人的巡逻能力是指巡逻机器人根据自身的配置能够达到的巡逻的最大范围,根据出厂的设置,同型号的巡逻机器人配置的巡逻能力相同,不同型号的巡逻机器人配置的巡逻能力不同。巡逻区域为需要巡逻机器人进行巡逻的区域范围,可为室内或者室外;可根据巡逻区域的需要,配置相同型号或不同型号的巡逻机器人。

步骤 S130,当有巡逻机器人退出巡逻区域时,自动调整巡逻区域内每个巡逻机器人的巡逻子区域和巡逻面积,使空出的巡逻子区域被至少一部巡逻机器人覆盖。

优选地,上述每个巡逻机器人的巡逻能力不小于巡逻区域面积,这样可以避免因有巡逻机器人退出导致巡逻区域剩下的巡逻机器人不能满足巡逻区域的巡逻要求的问题。

图 7.9 所示,为图 7.8 所示方案步骤 S120 流程图。

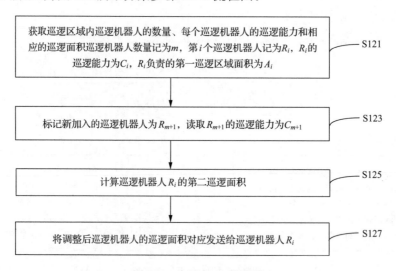

图 7.9　步骤 S120 流程图

具体的,参考图 7.9,上述步骤当有新的巡逻机器人加入时,自动调整巡逻区域内每个巡逻机器人的巡逻面积具体包括如下步骤:

步骤 S121,获取巡逻区域内巡逻机器人的数量、每个巡逻机器人的巡逻能力和相应的巡逻面积。

巡逻机器人数量记为 m,第 i 个巡逻机器人记为 R_i,R_i 的巡逻能力为 C_i,R_i 负责的第一巡逻面积为 A_i。上述第一巡逻面积 A_i 表示未有巡逻机器人加入时巡逻区域内每个巡逻机器人负责的巡逻子区域面积,记为 A_i。

步骤 S123,标记新加入的巡逻机器人为 R_{m+1},读取 R_{m+1} 的巡逻能力 C_{m+1}。

如果有新的机器人加入则在巡逻区域内原本巡逻机器人数量 m 的基础上累加计数,且一并读取新加入巡逻机器人的巡逻能力,相应的记为 C_{m+1}。在其他的方案中,如果同一时间同时加入多个巡逻机器人,则相当于多次加入一个巡逻机器人进行标记处理。

步骤 S125,计算巡逻机器人 R_i 的第二巡逻面积 A_i':

$$A_i' = \frac{A_1 + A_2 + \cdots + A_m}{C_1 + C_2 + \cdots + C_m + C_{m+1}} \cdot C_i$$

其中,$1 \leqslant i \leqslant m+1$。

可通过上述计算公式计算出有巡逻机器人加入时巡逻区域内每个巡逻机器人调整后的巡逻面积,也即第二巡逻面积,记为 A_i'。

步骤 S127,将调整后巡逻机器人的第二巡逻面积 A_i' 对应发送给巡逻机器人 R_i,巡逻机器人接收到相应的巡逻面积后在指定的巡逻子区域内进行巡逻。

图 7.10 所示,为图 7.8 所示方案步骤 S130 流程图。

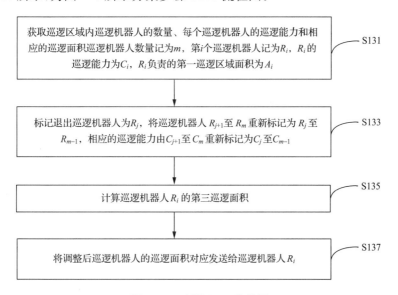

获取巡逻区域内巡逻机器人的数量、每个巡逻机器人的巡逻能力和相应的巡逻面积巡逻机器人数量记为 m,第 i 个巡逻机器人记为 R_i,R_i 的巡逻能力为 C_i,R_i 负责的第一巡逻区域面积为 A_i　——S131

标记退出巡逻机器人为 R_j,将巡逻机器人 R_{j+1} 至 R_m 重新标记为 R_j 至 R_{m-1},相应的巡逻能力由 C_{j+1} 至 C_m 重新标记为 C_j 至 C_{m-1}　——S133

计算巡逻机器人 R_i 的第三巡逻面积　——S135

将调整后巡逻机器人的巡逻面积对应发送给巡逻机器人 R_i　——S137

图 7.10　步骤 S130 流程图

具体的,参考图 7.10,上述步骤当有巡逻机器人退出时,自动调整巡逻区域内每个巡逻机器人的巡逻面积具体包括如下步骤:

步骤 S131,获取巡逻区域内巡逻机器人的数量、每个巡逻机器人的巡逻能力和相应的巡逻面积。巡逻机器人数量记为 m,第 i 个巡逻机器人记为 R_i,R_i 的巡逻能力为 C_i,R_i 负责的第一巡逻面积为 A_i。

步骤 S133,标记退出巡逻机器人为 R_j,将巡逻机器人 R_{j+1} 至 R_m 重新标记为 R_j 至 R_{m-1},相应的巡逻能力由 C_{j+1} 至 C_m 重新标记为 C_j 至 C_{m-1}。如果有巡逻机器人退出巡逻区域时,通过读取退出巡逻机器人的标号将上述标号后续的巡逻机器人的标号减 1,巡逻机器人的巡逻能力的标号也相应减 1。

步骤 S135,计算巡逻机器人 R_i 的第三巡逻面积 A''_i:

$$A''_i = \frac{A_1 + A_2 + \cdots + A_m}{C_1 + C_2 + \cdots + C_{m-1}} \cdot C_i$$

其中,$1 \leqslant i \leqslant m-1$。

如果巡逻区域内有巡逻机器人退出,可通过上述计算公式计算出有巡逻机器人退出时巡逻区域内每个巡逻机器人调整后的巡逻面积,也即第三巡逻面积,记为 A''_i。

步骤 S137,将调整后巡逻机器人的第三巡逻面积 A''_i 对应发送给巡逻机器人 R_i,巡逻机器人接收到相应的巡逻面积后在指定的巡逻子区域内进行巡逻。

在其他的方案中,如果同一时刻有多个巡逻机器人同时退出巡逻区域,则相当于多次退出一个巡逻机器人进行标记处理,如果同一时刻出现新的巡逻机器人加入和巡逻机器人退出,则按照新的巡逻机器人加入和巡逻机器人退出分别的情况发生进行处理。

上述通过自动调整巡逻区域内巡逻机器人的巡逻面积和巡逻子区域,能够对巡逻区域进行全面的监控,防止出现因巡逻机器人的退出造成巡逻区域出现巡逻死角,也防止新的巡逻机器人加入造成巡逻区域重叠造成资源浪费的现象发生,使巡逻效果更好。

图 7.11 所示,为本方法一方案的可扩展多机器人巡逻系统模块图。

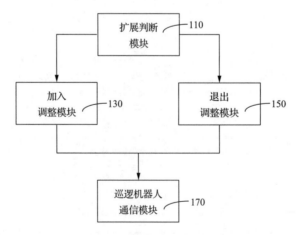

图 7.11　一方案的可扩展多机器人巡逻系统模块图

一种可扩展多机器人巡逻系统,在有新的巡逻机器人加入或有巡逻机器人退出巡逻区域时自动调整每个巡逻机器人的巡逻面积和巡逻区域。上述可扩展多机器人巡逻系统包括依次连接的扩展判断模块 110、加入调整模块 130、退出调整模块 150 和巡逻机器人通信模块 170。

扩展判断模块 110 判断是否有新的巡逻机器人加入或有巡逻机器人退出,如果有新的巡逻机器人加入巡逻区域时,发送信息给加入调整模块 130,如果有巡逻机器人退出巡逻区域则发送信息给退出调整模块 150。

如果有新的巡逻机器人加入巡逻区域时,加入调整模块 130 根据接收到的指令自动调整巡逻区域内每个巡逻机器人的巡逻子区域和巡逻面积,划出与新加入的巡逻机器人的巡逻能力相匹配的巡逻子区域。

如果有巡逻机器人退出巡逻区域时,退出调整模块 150 根据接收到的指令自动调整巡逻区域内每个巡逻机器人的巡逻子区域和巡逻面积,使空出的巡逻子区域被至少一部巡逻机器人所覆盖。

巡逻机器人通信模块 170 将调整后的巡逻子区域和巡逻面积相应发送给每个巡逻机器人使每个巡逻机器人在相应的巡逻子区域和巡逻面积内进行巡逻。

上述可扩展多机器人巡逻系统在有新的巡逻机器人加入巡逻区域或有巡逻机器人退出巡逻区域时,自动调整巡逻区域内巡逻机器人的巡逻面积和巡逻子区域,能够对巡逻区域进行全面的监控,防止出现因巡逻机器人的退出造成巡逻区域出现巡逻死角、或因新的巡逻机器人加入造成巡逻区域重叠造成资源浪费的现象发生,使巡逻效果更好。

扩展判断模块 110 可通过监控巡逻区域内的巡逻机器人的数量,判断是否有新的巡逻机器人加入或判断是否有巡逻机器人退出。

上述扩展判断模块 110 包括定时单元(图未示),通过定时单元可控制扩展判断模块 110 间隔定时判断是否有新的巡逻机器人加入或判断是否有巡逻机器人退出,作为自动调整各个巡逻机器人的巡逻子区域和巡逻面积的依据。

图 7.12 所示,为本方法另一方案的可扩展多机器人巡逻系统模块图。

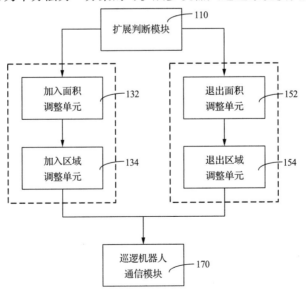

图 7.12　另一方案的可扩展多机器人巡逻系统模块图

参考图 7.12,上述加入调整模块 130 包括加入面积调整单元 132 和加入区域调整单元 134。加入面积调整单元 132 连接扩展判断模块 110,加入区域调整单元 134 连接面积调整单元 132 和巡逻机器人通信模块 170。

当有新的巡逻机器人加入巡逻区域时,加入面积调整单元 132 自动调整巡逻区域内每个巡逻机器人的巡逻面积,加入区域调整单元 134 根据所述调整后的每个巡逻机器人的巡逻面积自动调整巡逻区域内每个巡逻机器人的巡逻子区域,划出与新加入的巡逻机器人的巡逻能力相匹配的巡逻子区域,并将调整后的每个巡逻机器人的巡逻子区域和巡逻面积相应发送给每个巡逻机器人。

参考图 7.12,上述退出调整模块 150 包括退出面积调整单元 152 和退出区域调整单元 154。退出面积调整单元 152 连接扩展判断模块 110,退出区域调整单元 154 连接退出面积调整单元 152 和巡逻机器人通信模块 170。

当有巡逻机器人退出巡逻区域时,面积调整单元 152 自动调整巡逻区域内每个巡逻机器人的巡逻面积,退出区域调整单元 154 根据调整后的巡逻区域内每个巡逻机器人的巡逻面积,调整巡逻区域内每个巡逻机器人的巡逻子区域,使空出的巡逻子区域被至少一部巡逻机器人覆盖,并将调整后的每个巡逻机器人的巡逻子区域和巡逻面积相应发送给每个巡逻机器人。

具体的,上述加入区域调整单元 134 可为地理信息系统处理单元(图 7.12 中未示)。地理信息系统(geographic information system,GIS)是一门综合性学科,结合地理学与地图学,已经广泛应用于不同的领域,是用于输入、存储、查询、分析和显示地理数据的计算机系统。通过 GIS 处理模块根据巡逻区域的实际情况(室内或室外的巡逻复杂程度等)分析巡逻区域内的地理数据,并根据重新调整的每个巡逻机器人的巡逻面积划分巡逻区域。使用地理信息系统处理单元划分巡逻区域内的每个巡逻机器人的巡逻子区域,能够合理分配巡逻区域,使巡逻效果更好。相应的,上述退出区域调整单元 154 也可为地理信息系统处理单元(图 7.12 中未示)。

上述巡逻机器人通信模块 150 与巡逻机器人(图 7.12 中未示)通过无线连接,具体的,可为 WIFI 网、以太网或蓝牙等无线连接方式。上述巡逻机器人,通过接收调整后的巡逻区域面积并根据调整后的巡逻区域在相应的巡逻区域面积内进行巡逻。

第8章 分治大数据智慧计算原理与方法

分治大数据智慧计算原理与方法,可以充分利用并行计算和云计算的优势来加速大数据的处理。分治,就是分而治之,从而大事化小。正是利用了分治大数据智慧计算原理与方法,才使得视频可以分为很多视频段同时转码,从而加快转码的速度(8.1节);才使得多机器人的任务可以分发给很多云节点分别同时地处理,从而提高多机器人的处理能力(8.2节);才使得密码可以隐藏在各云数据分块的分布中,从而提高云安全性(8.3节)。

8.1 视 频 转 码

本方法适用于音视频播放技术领域,给出了一种视频分片并行转码方法和系统,所述方法包括以下步骤:将原视频文件分解多个第一视频片;对分解后多个第一视频片同时进行转码为第二视频片;将转码后的多个第二视频片组合成新的格式的视频文件。本方法通过将原视频文件进行分解为多个第一视频片,对多个第一视频片同时进行转码为第二视频片,将转码后的第二视频片组合为新的格式的视频文件,不仅节省了转码时间,提高了转码效率,还很好地保证了画面的质感,利于音视频播放设备的推广。

8.1.1 现有视频转码技术的不足

随着音视频播放技术的快速发展,用户对音视频播放功能的要求也越来越高。

在对视频进行转码时,传统的方式是将原视频文件进行切片,切成多个视频片,然后对切出的多个视频片逐一的进行转码。譬如,对于已有的大视频而言,假设视频可以切分 7 段,每段转码需要 n 秒,则 $7n$ 秒之后用户才能观看到转码后的视频文件。

以上转码方式存在的缺点就是,由于需要对多个视频片逐个进行转码,当视频片较多时,将会花费大量的时间,导致与音频播放时间不一致,对用户的观看造成极大的影响。

如何降低对视频文件的转码时间,提高转码效率,保证画面的质感,是音视频播放技术领域研究的方向之一。

8.1.2 视频分片并行转码的原理

本方法方案的目的在于提供一种视频分片并行转码方法,旨在降低对视频文件的转码时间,提高转码效率,保证画面的质感。

本方法方案是这样实现的,一种视频分片并行转码方法,所述方法包括以下步骤:

将原视频文件分解多个第一视频片;

对分解后多个第一视频片同时进行转码为第二视频片;

将转码后的多个第二视频片组合成新的格式的视频文件。

本方法方案的另一目的在于提供一种视频转码装置,所述装置包括:

原视频文件分解单元,用于将原视频文件分解多个第一视频片;

多个转码模块,用于同时将第一视频片进行转码为第二视频片;

组合模块,用于将转码后的多个第二视频片组合成新的格式的视频文件。

本方法方案的还一目的在于提供一种视频分片并行转码系统,所述系统包括本方法方案提供的视频转码装置。

本方法方案通过将原视频文件进行分解为多个第一视频片,对多个第一视频片同时进行转码为第二视频片,将转码后的第二视频片组合为新的格式的视频文件,不仅极大地节省了转码时间,提高了转码效率,还很好地保证了画面的质感,利于音视频播放设备的推广。

8.1.3　视频分片并行转码的方法

图 8.1 示出了本方法方案提供的视频转码方法的流程。

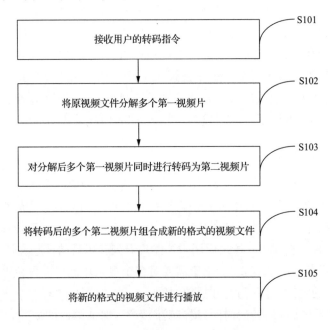

图 8.1　视频转码方法的流程图

步骤 S101,接收用户的转码指令;

步骤 S102,将原视频文件分解多个第一视频片;

步骤 S103,对分解后多个第一视频片同时进行转码为第二视频片;

其中,在进行转码时,是按照在步骤 S101 中的转码指令对原视频文件分解后的视频片进行转码的。

步骤 S104,将转码后的多个第二视频片组合成新的格式的视频文件;

步骤 S105,将新的格式的视频文件进行播放。

其中,将原视频文件分解一个第一视频片所用时间为第一时间,对单个第一视频片进行转码为第二视频片的时间为第二时间,其中,所述第一时间小于所述第二时间。

如图 8.2 所示为对视频文件进行转码的示意图。

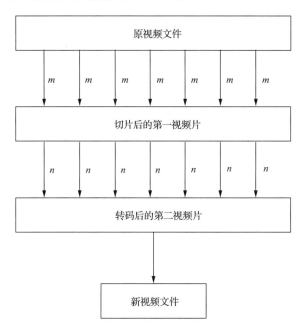

图 8.2　对视频文件进行切片后转码的示意图

对需要转码的原视频文件而言,假设一片原视频文件可以切为 7 段,每一段切出的时间为 m 秒,每一段转码的时间为 n 秒,m 要比 n 小很多。刚开始只需要 m 秒便可以得到一个第一视频片,此时就可以对切出的第一块第一视频片进行转码;在对第一块第一视频片进行转码的同时可以继续从原视频文件中切出第二块第一视频片,因为 m 要比 n 小很多,所以不用等第一块第一视频片转码完成,第二块第一视频片就会被从原视频文件中切出,而且可以同时进行第二块第一视频片的转码,并以此类推,直到其余 5 块第一视频片切完。

如果 $m < n/7$,则无需等第一块第一视频片转码完成,其余 6 块第一视频片即可切好,则总共 7 块的第一视频片可并行的进行转码处理,则该片原视频文件进行转换,只需要 $m+n$ 的时间,并同时对转码后的视频文件进行播放,此片视频文件供用户观看的时间为 P 秒,P 远大于 n,而下一片视频文件转码的时间远小于 n,所以用户无需等待视频文件的转码,直接进行观看即可,非常方便用户的使用。

图 8.3 示出了本方法方案提供的视频转码装置的结构。

其中,转码指令接收模块 31,用于接收用户的转码指令;

原视频文件分解单元 32,用于将原视频文件分解多个第一视频片;

转码模块 33,用于将第一视频片进行转码为第二视频片;

在具体实施过程中,本方法方案包括有多个的转码模块 33;

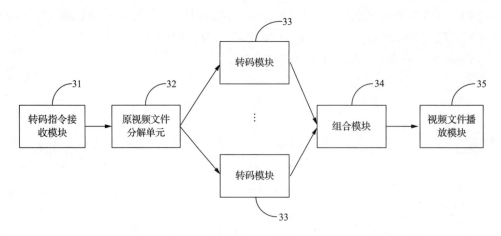

图 8.3　视频分片并行转码系统中视频转码装置的结构图

组合模块 34,用于将转码后的多个第二视频片组合成新的格式的视频文件;

视频文件播放模块 35,用于将新的格式的视频文件进行播放。

其中,将原视频文件切出一个第一视频片所用时间为第一时间,对单个第一视频片进行转码为第二视频片的时间为第二时间,其中,所述第一时间小于所述第二时间。

本方法方案还提供一种视频分片并行转码系统,所述系统包括本方法方案提供的视频转码装置,鉴于该装置在上文已有详细的描述,此处不再赘述。

本方法方案通过将原视频文件进行分解为多个第一视频片,对多个第一视频片同时进行转码为第二视频片,将转码后的第二视频片组合为新的格式的视频文件,不仅极大地节省了转码时间,提高了转码效率,还很好地保证了画面的质感,利于音视频播放设备的推广。

8.2　多机器人系统

一种基于云计算的多机器人系统,包括多个机器人节点、多个用于处理机器人运行信息的云计算节点、与所述机器人节点和云计算节点进行交互的控制模块,所述控制模块包括:扩展模块,用于处理云计算节点的加入和退出请求;伸缩模块,用于处理机器人节点的加入和退出请求;容错模块,用于处理云计算节点和机器人节点的故障处理请求。采用上述系统,可扩展性和可靠性更高,能满足机器人的实时批量加入和退出及任务量的急剧变化。此外,还提供了一种基于云计算的多机器人系统的实现方法。

8.2.1　现有多机器人系统技术的不足

目前的多机器人系统的体系结构主要有集中式、分布式和分层式几种。其中,集中式结构的多机器人系统中,所有机器人与中心服务器进行交互,而多机器人之间没有直接通信,机器人之间要通信必须经过中心服务器进行中转。因此集中式的多机器人系统不能满足实时通信的要求,中心服务器的错误会导致整个系统的崩溃,可容错性差,随着机器人数量的增加,中心服务器的工作负担会超过其承受能力,使得中心服务器与其他机器人之间的通信出现瓶颈,因此只适用于机器人数量不多的多机器人系统,可扩展性差。

分布式结构的多机器人系统,无线通信网络的节点由单个机器人充当,一个节点出错不会影响到其他节点之间的通信,且机器人之间可以直接通信,通信效率较集中式的高,但难以进行高难度的协同和全局目标的优化,同时,各机器人的处理器因为考虑便携性和成本因素不可能做得功能十分强大,虽然各机器人之间可以互帮互助,但总体处理能力有限。

分层式结构的机器人系统是将集中式结构和分布式结构进行了结合,其中,节点由单个机器人充当,多个机器人之间即可直接通信,又能与中心服务器进行通信,分层式的机器人系统能在一定程度上缓解集中式结构和分布式结构的问题,但仍然存在以下问题:

(1)分层式的多机器人系统中,每个机器人都可以将自己难以处理的任务发送给中心服务器进行处理,机器人数越多,中心服务器需要处理的任务就越繁重,一旦达到中心服务器的处理极限,整个系统将无法继续加入机器人。虽然可以采用升级中心服务器的方法来解决这一问题,但是升级中心服务器费时费力,成本高,因此传统的这种分层式的多机器人系统的可扩展性不高。

(2)分层式的多机器人系统中在扩充机器人时,即使不考虑成本而采用升级中心服务器的方式,但由于升级部署需要一定的时间,难以实时批量地加入大批机器人,而实时批量地加入大批机器人在很多作战、应急等应用中广泛需求。此外,一旦作战任务和应急任务完成,则可能会有很多机器人退出,只留下部分机器人进行扫尾和善后工作,此时中心服务器的大部分处理能力就会出现闲置,造成资源和能源的浪费。

(3)若分层式的多机器人系统中的中心服务器故障或崩溃,则仍然难以进行高难度的协同和全局目标的优化。

8.2.2 多机器人云系统的原理

一种基于云计算的多机器人系统,包括多个机器人节点、多个用于处理机器人运行信息的云计算节点、与所述机器人节点和云计算节点进行交互的控制模块,所述控制模块包括:

扩展模块,用于处理云计算节点的加入和退出请求;

伸缩模块,用于处理机器人节点的加入和退出请求;

容错模块,用于处理云计算节点和机器人节点的故障处理请求。

优选的,所述扩展模块包括:

云计算节点加入处理模块,用于响应云计算节点的加入请求,在系统基础设施中加入相应云计算节点,在系统分布式计算环境中加入相应云计算节点,并将机器人服务软件部署到相应云计算节点,然后将新加入的云计算节点信息发送至所述伸缩模块;

云计算节点退出处理模块,用于响应云计算节点的退出请求,将机器人服务软件从相应云计算节点卸载,并在系统分布式计算环境中删除相应云计算节点,然后在系统基础设施中删除相应云计算节点。

优选的,所述伸缩模块包括:

机器人用户伸缩模块,用于响应机器人用户的加入和退出请求,为新加入的机器人用户分配云计算资源,回收退出的机器人用户所需的云计算资源;

机器人任务伸缩模块,用于响应机器人任务的加入和退出请求,将新加入的机器人任务调度到云计算节点上进行处理,回收退出的机器人任务所需的云计算资源。

优选的,所述容错模块包括:

云计算节点故障处理模块,用于响应云计算节点的故障处理请求,将发生故障的云计算节点上的机器人用户和机器人任务迁移,并修复发生故障的云计算节点,若修复失败,则调用所述扩展模块删除云计算节点;

机器人节点故障处理模块,用于响应机器人节点的故障处理请求,调用所述伸缩模块将发生故障的机器人节点上的所有任务分配到其他机器人节点,并删除发生故障的机器人用户,修复发生故障的机器人节点,若修复成功,则调用所述伸缩模块加入修复成功的机器人节点。

此外,还有必要提供一种可扩展性和可靠性更高,能满足机器人的实时批量加入和退出及任务量的急剧变化的基于云计算的多机器人系统的实现方法。

一种基于云计算的多机器人系统的实现方法,包括以下步骤:

构建多个处理机器人运行信息的云计算节点,在所述多个云计算节点和机器人节点之间构建控制模块,在所述控制模块中构建扩展模块、伸缩模块和容错模块;

通过所述扩展模块处理云计算节点的加入和退出请求,通过所述伸缩模块处理机器人节点的加入和退出请求,通过所述容错模块来处理云计算节点和机器人节点的故障处理请求。

优选的,所述通过所述扩展模块处理云计算节点的加入和退出请求的步骤包括:

响应云计算节点的加入请求,在系统基础设施中加入相应云计算节点,在系统分布式计算环境中加入相应云计算节点,并将机器人服务软件部署到相应云计算节点,然后将新加入的云计算节点信息发送至所述伸缩模块;

响应云计算节点的退出请求,将机器人服务软件从相应云计算节点卸载,并在系统分布式计算环境中删除相应云计算节点,然后在系统基础设施中删除相应云计算节点。

优选的,所述通过所述伸缩模块处理机器人节点的加入和退出请求的步骤包括:

响应机器人用户的加入和退出请求,为新加入的机器人用户分配云计算资源,回收退出的机器人用户所需的云计算资源;

响应机器人任务的加入和退出请求,将新加入的机器人任务调度到云计算节点上进行处理,回收退出的机器人任务所需的云计算资源。

优选的,所述通过所述容错模块来处理云计算节点和机器人节点的故障处理请求的步骤包括:

响应云计算节点的故障处理请求,将发生故障的云计算节点上的机器人用户和机器人任务迁移,并修复发生故障的云计算节点,若修复失败,则调用所述扩展模块删除云计算节点;

响应机器人节点的故障处理请求,将发生故障的机器人节点上的所有任务分配到其他机器人节点,并删除发生故障的机器人用户,修复发生故障的机器人节点,若修复成功,则调用所述伸缩模块加入修复成功的机器人节点。

上述基于云计算的多机器人系统及其实现方法,通过扩展模块处理云计算节点的加入和退出请求,通过伸缩模块处理机器人节点的加入和退出请求,以及通过容错模块来处理云计算节点和机器人节点的故障处理请求,由于云计算节点可扩展性高,并且在机器人实时批量加入时,通过伸缩模块可以快读调度更多的资源来为多机器人系统服务,当机器人退出时,又能将闲置的资源回收,调度给其他机器人用户和机器人任务。在机器人节点或云计算节点出现故障时,能够及时响应。因此,上述基于云计算的多机器人系统及其实现方法可扩展性和可靠性更高,能满足机器人的实时批量加入和退出及任务量的急剧变化。

8.2.3　多机器人云系统的方法

在一个方案中,如图 8.4 所示,一种基于云计算的多机器人系统,包括多个云计算节点 100、多个机器人节点 300、与云计算节点 100 及机器人节点 300 进行交互的控制模块 200。其中:

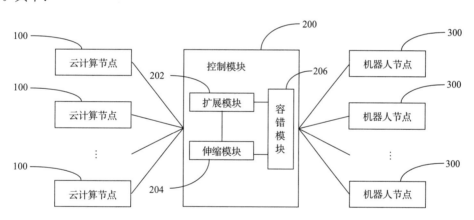

图 8.4　一个方案中基于云计算的多机器人系统的结构示意图

控制模块 200 包括扩展模块 202、伸缩模块 204 和容错模块 206,其中:

扩展模块 202 用于处理云计算节点的加入和退出请求;

伸缩模块 204 用于处理机器人节点的加入和退出请求;

容错模块 206 用于处理云计算节点和机器人节点的故障处理请求。

每个机器人用户代表一个机器人节点 300,在机器人节点 300 上可执行多个机器人任务,对机器人用户和机器人任务需要分配一定的资源,包括云计算资源、存储资源和网络资源等。

如图 8.5 所示,在一个方案中,扩展模块 202 包括云计算节点加入处理模块 212 和云计算节点退出处理模块 222。其中:

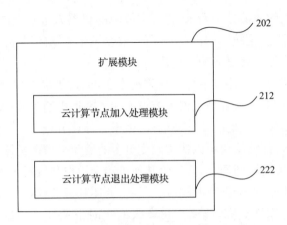

图 8.5　扩展模块的结构示意图

云计算节点加入处理模块 212 用于响应云计算节点的加入请求,在系统基础设施中加入相应云计算节点,在系统分布式计算环境中加入相应云计算节点,并将机器人服务软件部署到相应云计算节点,然后将新加入的云计算节点信息发送至伸缩模块 204。

在优选的方案中,在系统基础设施中加入相应云计算节点可以基于 Eucalyptus(一种云计算软件)来实现。在系统分布式计算环境中加入相应云计算节点可通过 hadoop(一种分布式系统基础架构)来实现。将机器人服务软件部署到相应云计算节点可以通过镜像隆实现。将新加入的云计算节点信息发送给伸缩模块 204 也可采用 Eucalyptus 实现。

云计算节点退出模块 222 用于响应云计算节点的退出请求,将机器人服务软件从相应云计算节点卸载,并在系统分布式计算环境中删除相应云计算节点,然后在系统基础设施中删除相应云计算节点。优选的,可通过 hadoop 在系统分布式计算环境中删除相应云计算节点,通过 Eucalyptus 在系统基础设施中删除云计算节点。

如图 8.6 所示,在一个方案中,伸缩模块 204 包括机器人用户伸缩模块 214 和机器人任务伸缩模块 224。其中:

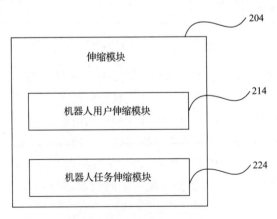

图 8.6　伸缩模块的结构示意图

机器人用户伸缩模块 214 用于响应机器人用户的加入和退出请求,为新加入的机器人用户分配云计算资源,回收退出的机器人用户所需的云计算资源。

机器人任务伸缩模块 224 用于响应机器人任务的加入和退出请求,将新加入的机器人任务调度到云计算节点 100 进行处理,回收退出的机器人任务所需的云计算资源。

该方案中,为新加入的机器人用户分配云计算资源,包括计算资源、存储资源、软件资源和网络资源等,该功能可采用 Eucalyptus 中的添加用户接口来实现。回收退出的机器人用户所需的云计算资源则可采用 Eucalyptus 的删除用户接口来实现。

机器人任务伸缩模块 224 将新加入的机器人任务调度到云计算节点 100 进行处理,可以在单个云计算节点 100 上进行处理,也可以在多个云计算节点 100 上进行并行的处理。可采用 hadoop 中的分布式并行框架来实现。机器人任务伸缩模块 224 回收退出的机器人任务所占用的云计算资源也可采用 hadoop 中的分布式并行框架来实现。

如图 8.7 所示,在一个方案中,容错模块 206 包括云计算节点故障处理模块 216 和机器人节点故障处理模块 226。其中:

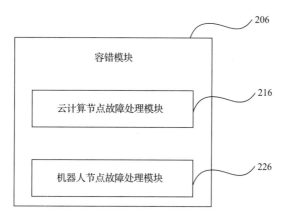

图 8.7　容错模块的结构示意图

云计算节点故障处理模块 216 用于响应云计算节点的故障处理请求,将发生故障的云计算节点 100 上的机器人用户和机器人任务迁移,并修复发生故障的云计算节点 100,若修复失败,则调用扩展模块 202 删除云计算节点。

该方案中,通过调用伸缩模块 204 将发生故障的云计算节点 100 上的机器人用户和机器人任务迁移到其他云计算节点 100 上,修复发生故障的云计算节点 100 可采用相关软件,或通过系统的重新启动和管理维护来进行。

机器人节点故障处理模块 226 用于响应机器人节点的故障处理请求,调用伸缩模块 204 将发生故障的机器人节点 300 上的所有任务分配到其他机器人节点 300,并删除发生故障的机器人用户,修复发生故障的机器人节点 300,若修复成功,则调用伸缩模块 204 加入修复成功的机器人节点。

该方案中,将发生故障的机器人节点 300 上的所有任务分配到其他机器人节点 300 可通过伸缩模块 204 的加入新的机器人任务的功能实现,删除发生故障的机器人用户可通过删除机器人任务的功能来实现,通过相关软件和机器人节点 300 的重新启动或管理员维护来修复发生故障的机器人节点 300。

在一个方案中,如图 8.8 所示,一种基于云计算的多机器人系统的实现方法,包括以下步骤:

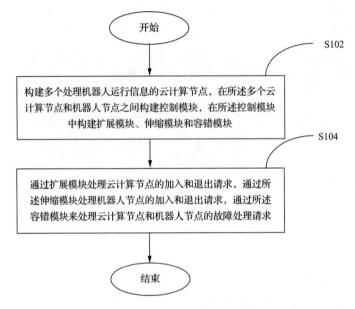

图 8.8　一个方案中基于云计算的多机器人系统的实现方法的流程图

步骤 S102,构建多个处理机器人运行信息的云计算节点,在所述多个云计算节点和机器人节点之间构建控制模块,在所述控制模块中构建扩展模块、伸缩模块和容错模块。

步骤 S104,通过所述扩展模块处理云计算节点的加入和退出请求,通过所述伸缩模块处理机器人节点的加入和退出请求,通过所述容错模块来处理云计算节点和机器人节点的故障处理请求。

每个机器人用户代表一个机器人节点,在机器人节点上可执行多个机器人任务,对机器人用户和机器人任务需要分配一定的资源,包括云计算资源、存储资源和网络资源等。

如图 8.9 所示,在一个方案中,通过所述扩展模块处理云计算节点的加入请求的步骤包括:

步骤 S202,响应云计算节点的加入请求,在系统基础设施中加入相应云计算节点。在系统基础设施中加入相应云计算节点可以基于 Eucalyptus 来实现。

步骤 S204,在系统分布式计算环境中加入相应云计算节点。在系统分布式计算环境中加入相应云计算节点可通过 hadoop 来实现。

步骤 S206,将机器人服务软件部署到相应云计算节点。将机器人服务软件部署到相应云计算节点可以通过镜像隆实现。

步骤 S208,将新加入的云计算节点信息发送至所述伸缩模块。将新加入的云计算节点信息发送给伸缩模块也可采用 Eucalyptus 实现。

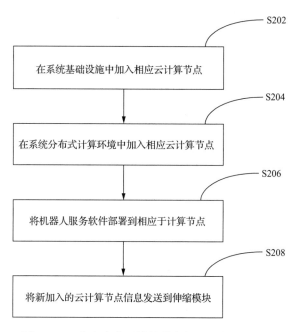

图 8.9　一个方案中云计算节点加入的方法流程图

如图 8.10 所示,在一个方案中,通过所述扩展模块处理云计算节点的退出请求的步骤包括:

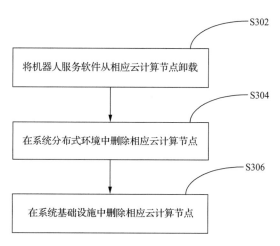

图 8.10　一个方案中云计算节点退出的方法流程图

步骤 S302,响应云计算节点的退出请求,将机器人服务软件从相应云计算节点卸载。

步骤 S304,在系统分布式计算环境中删除相应云计算节点。可通过 hadoop 在系统分布式计算环境中删除相应云计算节点。

步骤 S306,在系统基础设施中删除相应云计算节点。通过 Eucalyptus 在系统基础设施中删除云计算节点。

在一个方案中,所述通过所述伸缩模块处理机器人节点的加入和退出请求的步骤包括:响应机器人用户的加入和退出请求,为新加入的机器人用户分配云计算资源,回收退出的机器人用户所需的云计算资源;响应机器人任务的加入和退出请求,将新加入的机器人任务调度到云计算节点上进行处理,回收退出的机器人任务所需的云计算资源。

该方案中,为新加入的机器人用户分配云计算资源,包括计算资源、存储资源、软件资源和网络资源等,该功能可采用 Eucalyptus 中的添加用户接口来实现。回收退出的机器人用户所需的云计算资源则可采用 Eucalyptus 的删除用户接口来实现。

将新加入的机器人任务调度到云计算节点进行处理,可以在单个云计算节点上进行处理,也可以在多个云计算节点上进行并行的处理。可采用 hadoop 中的分布式并行框架来实现。回收退出的机器人任务所占用的云计算资源也可采用 hadoop 中的分布式并行框架来实现。

如图 8.11 所示,在一个方案中,通过所述容错模块来处理云计算节点的故障处理请求的步骤包括:

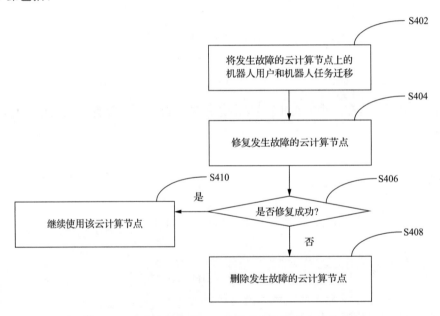

图 8.11　一个方案中处理云计算节点故障的方法流程图

步骤 S402,响应云计算节点的故障处理请求,将发生故障的云计算节点上的机器人用户和机器人任务迁移。

步骤 S404,修复发生故障的云计算节点。可采用相关软件,或通过系统的重新启动和管理维护来进行。

步骤 S406,判断修复是否成功,若是,则进入步骤 S410,否则进入步骤 S408。

步骤 S408,调用所述扩展模块删除云计算节点。

步骤 S410,继续使用该云计算节点。

如图 8.12 所示,在一个方案中,通过所述容错模块来处理机器人节点的故障处理请求的步骤包括:

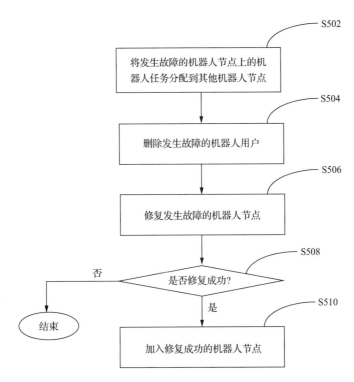

图 8.12　一个方案中处理机器人节点故障的方法流程图

步骤 S502,响应机器人节点的故障处理请求,调用所述伸缩模块将发生故障的机器人节点上的所有任务分配到其他机器人节点。

步骤 S504,删除发生故障的机器人用户。

步骤 S506,修复发生故障的机器人节点。可通过相关软件和机器人节点的重新启动或管理员维护来修复发生故障的机器人节点。

步骤 S508,判断是否修复成功,若是,则进入步骤 S510,否则结束。

步骤 S510,调用所述伸缩模块加入修复成功的机器人节点。

8.3　云　安　全

一种以数据分布特征为密码的云安全方法,包括以下步骤:获取用户数据和用户设定的第一密码;获取用户数据的切分数量、切分后的各数据块所存放的节点信息;根据所述第一密码、所述用户数据的切分数量及切分后的各数据块所存放的节点信息生成第二密码;根据所述第一密码和第二密码进行密码验证。采用上述方法,能提高数据安全性。此外,还提供了一种以数据分布特征为密码的云安全系统。

8.3.1　现有云安全技术的不足

云计算是指将大量网络链接的计算资源统一管理和调度,构成一个计算资源池向用户按需服务,提供资源的网络称为"云"。云计算中的数据包括但不限于视频、图片、文字、音频、文件、数据库等。为了提高数据访问的安全性,通常在云计算中,对访问的数据需要进行密码验证。传统的方式是将用户设定的密码保存在服务器端。当用户端需要登录时,将用户输入的密码与服务器端存储的密码进行对比,如果一致,则允许登录或访问数据。

　　由于传统的这种方式由于需要在服务器端保存设定的密码,容易被黑客或云运营商获取,这样,他人就很容易通过设定的密码来访问用户的数据,因此安全性不高。

8.3.2　以云数据分布特征为密码的原理

　　一种以数据分布特征为密码的云安全方法,包括以下步骤:

　　获取用户数据和用户设定的第一密码;

　　获取用户数据的切分数量、切分后的各数据块所存放的节点信息;

　　根据所述第一密码、所述用户数据的切分数量及切分后的各数据块所存放的节点信息生成第二密码;

　　根据所述第一密码和第二密码进行密码验证。

　　优选的,在根据第一密码和第二密码进行密码验证的步骤之前还包括:

　　根据所述第一密码生成切分后的各数据块在各节点上的存放路径;

　　根据所述存放路径将各数据块存放到各节点的相应路径上;

　　记录各节点上存放的数据块的大小。

　　优选的,所述根据第一密码和第二密码进行密码验证的步骤为:

　　获取用户输入的第一密码和第二密码;

　　根据所述第一密码和第二密码计算得到分布在各节点上的数据块的数量和各数据块所存放的节点信息;

　　根据所述第一密码计算得到各数据块在各节点上的存放路径;

　　根据所述计算得到的存放路径获取各节点上的数据块的大小;

　　判断所述获取的数据块的大小与所述记录的数据块的大小是否相同,若是,则验证通过,否则验证失败。

　　优选的,所述判断获取的数据块的大小与所述记录的数据块的大小是否相同的步骤为:判断获取的所有数据块的大小总和与所述记录的所有数据块的大小总和是否相同。

　　优选的,所述节点信息包括节点和节点中的磁盘信息。

　　此外,还有必要提供能够提高数据安全性的以数据分布特征为密码的云安全系统。

　　一种以数据分布特征为密码的云安全系统,包括:

　　第一密码获取模块,用于获取用户数据和用户设定的第一密码;

　　第一分布特征获取模块,用于获取用户数据的切分数量、切分后的各数据块所存放的节点信息;

　　密码生成模块,用于根据所述第一密码、所述用户数据的切分数量及切分数量、切分后的各数据块所存放的节点信息生成第二密码;

密码验证模块,用于根据所述第一密码和第二密码进行密码验证。

优选的,所述系统还包括:

第一路径生成模块,用于根据所述第一密码生成切分后的各数据块在各节点上的存放路径;

调度模块,用于根据所述存放路径将各数据块存放到各节点的相应路径上;

记录模块,用于记录各节点上存放的数据块的大小。

优选的,所述密码验证模块包括:

第二密码获取模块,用于获取用户输入的第一密码和第二密码;

第二分布特征获取模块,用于根据所述第一密码和第二密码计算得到分布在各节点上的数据块的数量和各数据块所在的节点信息;

第二路径生成模块,用于根据所述第一密码计算得到各数据块在各节点上的存放路径;

数据块大小获取模块,用于根据所述计算得到的存放路径获取各节点上的数据块的大小;

判断模块,用于判断所述获取的数据块的大小与所述记录的数据块的大小是否相同,若是,则验证通过,否则验证失败。

优选的,所述判断模块还用于判断获取的所有数据块的大小总和与所述记录的所有数据块的大小总和是否相同。

优选的,所述节点信息包括节点和节点中的磁盘信息。

上述以数据分布特征为密码的云安全方法及系统,根据用户设定的第一密码、用户数据的切分数量及切分后的各数据块所存放的节点信息来生成第二密码,根据第一密码和第二密码进行密码验证。由于第二密码是通过用户数据的分布特征来生成的,因此服务器端不需要保存第二密码也不需要保存用户数据的分布特征,根据第二密码即可获取到各分布的节点上存放的数据块,因此提高了数据安全性。

8.3.3　以云数据分布特征为密码的方法

如图 8.13 所示,在一个方案中,一种以数据分布特征为密码的云安全方法,包括以下步骤:

步骤 S102,获取用户数据和用户设定的第一密码。

在生成或上传数据时,用户需设定第一密码,第一密码决定了切分用户数据后形成的各数据块在节点上的存放路径。

步骤 S104,获取用户数据的切分数量、切分后的各数据块所存放的节点信息。

云计算中,用户数据需要进行分布式的处理和存储,因此需要将用户数据进行切分,并将切分后形成的各个数据块存放到不同的节点,用户数据需要切分为多少个数据块以及各数据块所存放的节点信息是根据用户数据本身以及各节点的资源,如网络资源、计算资源、存储资源等来决定的。切分后的各数据块所存放的节点信息包括节点和节点中的磁盘信息,如节点的 CPU 处理能力、磁盘剩余空间、网络带宽大小等。

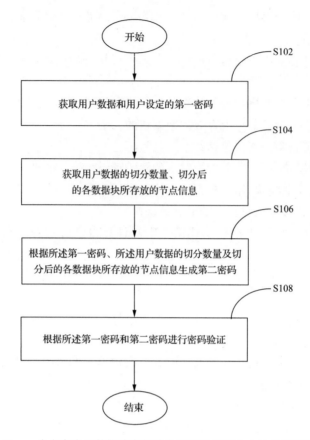

图 8.13　一个方案中以数据分布特征为密码的云安全方法的流程示意图

步骤 S106,根据第一密码、用户数据的切分数量及切分后的各数据块所存放的节点信息生成第二密码。

本方案中,将用户设定的第一密码、用户数据的切分数量及上述得到的节点信息一起编码,形成第二密码。

在一个方案中,还可根据第一密码生成切分后的各数据块在各节点上的存放路径。用户数据切分后,形成多个数据块,这些数据块存放在不同的节点上,对第一密码进行适当变形后加入到路径中一起形成各数据块在各节点上的存放路径,然后根据存放路径将各数据块存放到各节点的相应路径上,并记录各节点上存放的数据块的大小。在一个方案中,也可以记录所有节点上存放的用户数据切分后的各数据块的总大小,即各数据块的字节数总和。

步骤 S108,根据第一密码和第二密码进行密码验证。

在一个方案中,如图 8.14 所示,步骤 S108 的具体过程为:

步骤 S118,获取用户输入的第一密码和第二密码。

用户访问数据时,需要进行密码验证,用户通过输入框输入第一密码和第二密码,则获取用户输入的第一密码和第二密码。

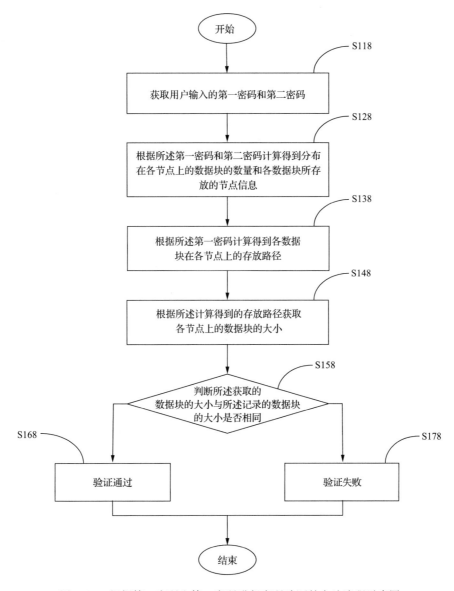

图 8.14　根据第一密码和第二密码进行密码验证的方法流程示意图

步骤 S128,根据第一密码和第二密码计算得到分布在各节点上的数据块的数量和各数据块所存放的节点信息。

由于第一密码是通过第一密码、用户数据的切分数量及切分后的各数据块所存放的节点信息进行编码形成,因此根据第一密码和第二密码进行计算,就可以得到用户数据分布在各节点上的数据块的数量和各数据块所存放的节点信息。该节点信息包括节点及节点中的磁盘信息,例如节点的 CPU 处理能力、磁盘剩余空间、网络带宽大小等。

步骤 S138,根据第一密码计算得到各数据块在各节点上的存放路径。

如上所述,切分用户数据所形成的各个数据块在各节点上的存放路径是参考了第一密码的,因此根据第一密码同样可计算得到各数据块在各节点上的存放路径。

步骤 S148,根据计算得到的存放路径获取各节点上的数据块的大小。

根据步骤 S138 中计算得到的存放路径则可在相应的路径上查找到对应的数据块,从而获取到各数据块的大小。

步骤 S158,判断获取的数据块的大小与记录的数据块的大小是否相同,若是,则进入步骤 S168,否则进入步骤 S178。

在一个方案中,可将获取的各数据块的大小与上述记录的各数据块的大小进行一一对比,若都相同,则验证通过。在另一个方案中,也可以获取各数据块的大小总和,即各数据块的字节数总和,与上述记录的数据块的大小总和进行对比,若相同,则验证通过。

步骤 S168,验证通过。用户可以访问用户数据。

步骤 S178,验证失败。不允许用户访问用户数据。

由于根据第一密码可以计算得到切分后的各数据块在各节点上的存放路径,且用户数据的切分数量及切分后的各数据块所存放的节点信息也可通过第一密码和第二密码计算得到,这样,存放路径、切分数量及节点信息这些用户数据的分布特征不需要保存在服务器端,因此不会被恶意人员获取到,有效提高了用户数据的安全性。在访问用户数据时,根据第一密码和第二密码就可以得到用户数据的分布特征,因此不会影响用户数据的访问,并且访问用户数据必须通过第一密码和第二密码来实现,提高了数据访问的安全性。

如图 8.15 所示,在一个方案中,一种以数据分布特征为密码的云安全系统,包括第一密码获取模块 102、第一分布特征获取模块 104、密码生成模块 106 和密码验证模块 108。其中:

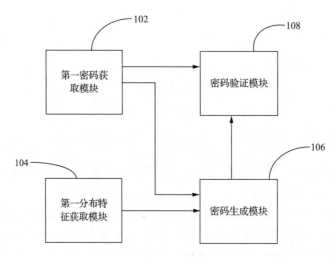

图 8.15　一个方案中以数据分布特征为密码的云安全系统的结构示意图

第一密码获取模块 102 用于获取用户数据和用户设定的第一密码。

第一分布特征获取模块 104 用于获取用户数据的切分数量、切分后的各数据块所存放的节点信息。

云计算中,用户数据需要进行分布式的处理和存储,因此需要将用户数据进行切分,并将切分后形成的各个数据块存放到不同的节点,用户数据需要切分为多少个数据块以及各数据块所存放的节点信息是根据用户数据本身以及各节点的资源,如网络资源、计算资源、存储资源等来决定的。切分后的各数据块所存放的节点信息包括节点和节点中的磁盘信息,如节点的 CPU 处理能力、磁盘剩余空间、网络带宽大小等。

密码生成模块 106 用于根据第一密码、用户数据的切分数量及切分后的各数据块所存放的节点信息生成第二密码。

本方案中,将用户设定的第一密码、用户数据的切分数量及上述得到的节点信息一起编码,形成第二密码。

密码验证模块 108 用于根据第一密码和第二密码进行密码验证。

在一个方案中,如图 8.16 所示,上述系统还包括第一路径生成模块 110、调度模块 112 和记录模块 114。其中:

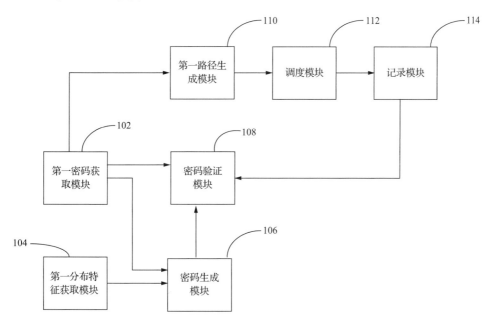

图 8.16   另一个方案中以数据分布特征为密码的云安全系统的结构示意图

第一路径生成模块 110 用于根据第一密码生成切分后的各数据块在各节点上的存放路径;

调度模块 112 用于根据存放路径将各数据块存放到各节点的相应路径上;

记录模块 114 用于记录各节点上存放的数据块的大小。

用户数据切分后,形成多个数据块,这些数据块存放在不同的节点上,对第一密码进行适当变形后加入到路径中一起形成各数据块在各节点上的存放路径,然而根据存放路径将各数据块存放到各节点的相应路径上,并记录各节点上存放的数据块的大小。在一个方案中,也可以记录所有节点上存放的用户数据切分后的各数据块的总大小,即各数据块的字节数总和。

在一个方案中,如图 8.17 所示,密码验证模块 108 包括第二密码获取模块 118、第二分布特征获取模块 128、第二路径生成模块 138、数据块大小获取模块 148 和判断模块 158。其中:

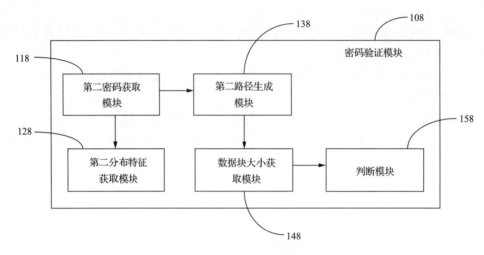

图 8.17　密码验证模块的结构示意图

第二密码获取模块 118 用于获取用户输入的第一密码和第二密码;

第二分布特征获取模块 128 用于根据第一密码和第二密码计算得到分布在各节点上的数据块的数量和各数据块所存放的节点信息。

由于第一密码是通过第一密码、用户数据的切分数量及切分后的各数据块所存放的节点信息进行编码形成,因此根据第一密码和第二密码进行计算,就可以得到用户数据分布在各节点上的数据块的数量和各数据块所存放的节点信息。该节点信息包括节点及节点中的磁盘信息,如节点的 CPU 处理能力、磁盘剩余空间、网络带宽大小等。

第二路径生成模块 138 用于根据第一密码计算得到各数据块在各节点上的存放路径。

如上所述,切分用户数据所形成的各个数据块在各节点上的存放路径是参考了第一密码的,因此根据第一密码同样可计算得到各数据块在各节点上的存放路径。

数据块大小获取模块 148 用于根据计算得到的存放路径获取各节点上的数据块的大小。

判断模块 158 用于判断获取的数据块的大小与记录的数据块的大小是否相同,若是,则验证通过,否则验证失败。

在一个方案中,判断模块 158 可将获取的各数据块的大小与上述记录的各数据块的大小进行一一对比,若都相同,则验证通过。在另一个方案中,判断模块 158 也可以获取各数据块的大小总和,即各数据块的字节数总和,与上述记录的数据块的大小总和进行对比,若相同,则验证通过。

　　由于根据第一密码可以计算得到切分后的各数据块在各节点上的存放路径,且用户数据的切分数量及切分后的各数据块所存放的节点信息也可通过第一密码和第二密码计算得到,这样,存放路径、切分数量及节点信息这些用户数据的分布特征不需要保存在服务器端,因此不会被恶意人员获取到,有效提高了用户数据的安全性。在访问用户数据时,根据第一密码和第二密码就可以得到用户数据的分布特征,因此不会影响用户数据的访问,并且访问用户数据必须通过第一密码和第二密码来实现,提高了数据访问的安全性。

第9章 冗余大数据智慧计算原理与方法

冗余大数据智慧计算原理与方法,以空间换时间,可以进一步加速海量大数据的处理速度,其中把程序也当作一种数据。正是利用了冗余大数据智慧计算原理与方法,才使得损失了微小的重叠边界存储,换来了大幅度的并行处理时网络通信量的降低,从而可以大幅度地提高并行处理速度(9.1节);才使得损失了不同版本同时存在的系统开销,换来了用户体验的大幅度提高(9.2节);才使得损失了各周期结果数据存储开销,换来了更高级别周期数据处理速度的大幅度提高(9.3节)。

9.1 并 行 处 理

本方法给出一种数据区域重叠的边界数据零通信并行计算方法,包括:将待处理的母数据分割成多个子块数据,其中每个子块数据冗余存储与之相邻的子块数据中的边界数据;将多个子块数据进行并行处理。还给出一种数据区域重叠的边界数据零通信并行计算系统,包括:数据分割模块,用于将母数据进行冗余切割;并行处理单元,用于并行处理子块数据。以及一种数据区域重叠的边界数据零通信并行计算系统,包括:数据分割模块,用于将母数据进行无冗余切割;数据交换模块,用于将相邻的子块数据的边界数据相互交换并进行冗余存储;并行处理单元,用于并行处理子块数据。上述方法和系统可以节约数据传输时等待的时间,提高并行处理的效率。

9.1.1 现有并行处理技术的不足

在对大量数据处理时,可以将数据分割成多个较小的数据块,分别同时由多个处理单元并行处理,然后将处理后的结果汇总,可以显著提高数据处理效率。

传统的并行处理中,多个相邻数据块之间需要互通有无,由于相邻数据块之间的通信,所需数据尚未到达时,会造成并行进程的等待,降低并行处理的效率。

9.1.2 重叠边界并行处理的原理

一种数据区域重叠的边界数据零通信并行计算方法,包括如下步骤:将待处理的母数据分割成多个子块数据,其中每个子块数据冗余存储与之相邻的子块数据中的边界数据;将多个子块数据进行并行处理。

优选地,所述将待处理的母数据分割成多个子块数据的步骤中,对母数据采用冗余切割,使切割后的子块数据包含冗余的边界数据。

优选地,所述将待处理的母数据分割成多个子块数据的步骤具体包括:将母数据进行无冗余切割;相邻的子块数据之间相互获取边界数据并进行冗余存储。

优选地,所示并行处理是并行计算、分布式计算、网络计算、网格计算、云计算或海计算的子步骤。

此外还提供一种数据区域重叠的边界数据零通信并行计算系统。

一种数据区域重叠的边界数据零通信并行计算系统,包括:数据分割模块,用于将母数据进行冗余切割,使每个子块数据冗余存储与之相邻的子块数据中的边界数据;并行处理单元,用于接受调度,并行处理子块数据。

优选地,所述并行处理单元用于进行并行计算、分布式计算、网络计算、网格计算、云计算或海计算。

以及一种数据区域重叠的边界数据零通信并行计算系统,包括:数据分割模块,用于将母数据进行无冗余切割;数据交换模块,用于将相邻的子块数据的边界数据相互交换并进行冗余存储;并行处理单元,用于接受调度,并行处理子块数据。

优选地,所述并行处理单元用于进行并行计算、分布式计算、网络计算、网格计算、云计算或海计算。

上述数据区域重叠的边界数据零通信并行计算方法和系统,由于子块数据冗余存储了并行处理时所需的其他子块数据的边界数据,在并行处理时不需要从其他子块数据获得,因此可以节约数据传输时等待的时间,提高并行处理的效率。

9.1.3　重叠边界并行处理的方法

如图 9.1 所示,为一方案的数据区域重叠的边界数据零通信并行计算方法流程图。该数据区域重叠的边界数据零通信并行计算方法包括如下步骤:

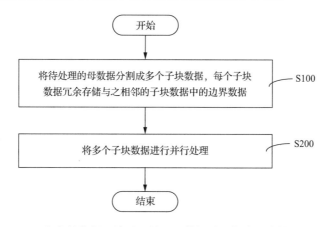

图 9.1　一方案的数据区域重叠的边界数据零通信并行计算方法流程图

S100,将待处理的母数据分割成多个子块数据。母数据分割成的多个子块数据冗余存储与之相邻的子块数据中的边界数据。其中母数据是数据并行处理中单次处理需要较长处理时间的数据,子块数据是单次处理较为简单因此耗时较短的数据。边界数据是指对于相邻的子块数据来说,并行处理时都需要用到的数据。

母数据切割得到的子块数据,各自被并行处理单元处理所需的时间应该基本相同,以使并行处理后能够以最快的速度得到最终结果,尽量避免并行处理单元的等待。

如图 9.2 所示,为传统的数据分割示意图。母数据 10 被分割成多个子块数据 20,其中每个子块数据 20 都有边界数据 30。其中,相邻的子块数据 20 在并行处理时,需要互相获取边界数据 30。

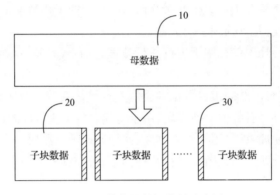

图 9.2　传统的数据分割示意图

如图 9.3 所示,为本方案的数据区域重叠的边界数据零通信并行计算方法的分割示意图。以相邻的两个子块数据 202、204 说明冗余存储。传统的分割方式中,子块数据 202 具有边界数据 a,子块数据 204 具有边界数据 b。本方案中,子块数据 202 冗余存储边界数据 b,子块数据 204 冗余存储边界数据 a。即子块数据 202、204 均包括边界数据 a、b。边界数据 a、b 在子块数据 202、204 各自对应并行处理中都要用到。

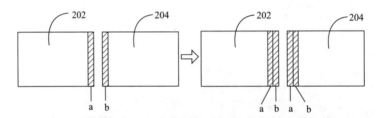

图 9.3　数据区域重叠的边界数据零通信并行计算方法的分割示意图

实现上述冗余存储的方式包括:冗余切割和无冗余切割后的数据交换。

冗余切割是指在数据分割时,将分割的边界拓展预设的宽度,这样就能包含其他子块数据包含的边界数据。数据分割采用诸如文件分割、数据表分割以及数据矩阵分割等方式。

无冗余切割是指按照传统的数据分割方式对母数据进行分割,被分割成的子块数据之间无数据冗余。同样可采用诸如文件分割、数据表分割以及数据矩阵分割等方式。之后各子块数据之间相互传递交换边界数据并整合到自己的边界数据中。其中数据交换可采用消息传递技术、文件传输技术等。

S200,将多个子块数据进行并行处理。并行处理单元各自得到冗余存储的子块数据后,进行并行处理。

上述并行数据处理方法,由于子块数据冗余存储了并行处理时所需的其他子块数据的边界数据,在并行处理时不需要从其他子块数据获得,因此可以节约数据传输时等待的时间,提高并行处理的效率。

如图 9.4 所示,为一方案的并行处理系统。该系统包括数据分割模块 100 和并行处理单元 200。

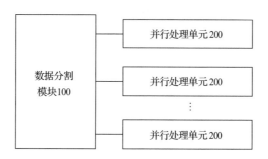

图 9.4　一方案的数据区域重叠的边界数据零通信并行计算系统模块图

数据分割模块 100 将母数据进行冗余切割,使每个子块数据冗余存储与之相邻的子块数据中的边界数据。其中冗余切割是指在数据分割时,将分割的边界拓展预设的宽度。数据分割采用诸如文件分割、数据表分割以及数据矩阵分割等方式。

并行处理单元 200 接受调度,并行处理子块数据。并行处理单元 300 是进行并行计算、分布式计算、网络计算、网格计算、云计算或海计算。

如图 9.5 所示,为另一方案的并行处理系统。该系统包括数据分割模块 100′、数据交换模块 200′ 以及并行处理单元 300。数据分割模块 100′ 将母数据进行无冗余切割,无冗余切割是指按照传统的数据分割方式对母数据进行分割,被分割成的子块数据之间无数据冗余。分割方式可采用诸如文件分割、数据表分割以及数据矩阵分割等方式。

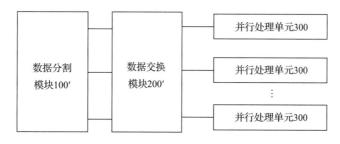

图 9.5　另一方案的数据区域重叠的边界数据零通信并行计算系统模块图

数据交换模块 200′ 将相邻的子块数据的边界数据相互交换并进行冗余存储。各子块数据之间相互传递交换边界数据并整合到自己的边界数据中,其中数据交换可采用消息传递技术、文件传输技术等。

并行处理单元 300 接受调度,并行处理子块数据。并行处理单元 300 是进行并行计算、分布式计算、网络计算、网格计算、云计算或海计算。

9.2 云服务的升级

一种云服务的无缝升级方法,包括以下步骤:在后台运行至少两个版本系统;获取用户的登录时间;将所述登录时间与最新版本系统的上线时间进行比较;若所述登录时间比最新版本系统的上线时间早,则调度用户到该用户正在使用的版本系统;否则调度用户到所述最新版本系统。本方法还提供一种云服务的无缝升级系统。上述方法和系统能够实现云服务的无缝升级,且在升级过程不会影响用户使用业务。

9.2.1 现有云服务升级技术的不足

云计算是指将计算分布在大量的分布式计算机上,云服务是指使用云计算平台通过网络为用户提供信息服务,也指在线软件或在线系统。传统的云服务系统实现版本升级时,需要停止运行老版本的系统,之后再启动新版本。然而,这样会使得老版本的用户不得不因为老版本系统的停止运行而中断正在进行的业务,并且在维护期间,新老版本都无法供用户使用。

9.2.2 云服务无缝升级的原理

一种云服务的无缝升级方法,包括以下步骤:

在后台运行至少两个版本系统;

获取用户的登录时间;

将所述登录时间与最新版本系统的上线时间进行比较;

若所述登录时间比最新版本系统的上线时间早,则调度用户到该用户正在使用的版本系统;否则调度用户到所述最新版本系统。

优选的,所述方法还包括查找后台运行的版本系统上的在线用户,当版本系统上没有在线用户时则关闭该版本系统的步骤。

优选的,所述方法还包括获取用户选择的版本并根据所述用户选择的版本将用户调度到对应的版本系统的步骤。

优选的,所述方法还包括获取用户的更新选择,根据用户的更新选择从后台运行的版本系统中获取需要更新的数据,并对用户当前使用的版本系统进行更新的步骤。

此外,还有必要提供一种不会影响用户使用业务的云服务的无缝升级系统。

一种云服务的无缝升级系统,包括:

后台服务器,用于运行至少两个版本系统;

时间检测模块,获取用户的登录时间,将所述登录时间与最新版本系统的上线时间进行比较;

调度模块,当用户的登录时间比最新版本系统的上线时间早时,调度用户到该用户正在使用的版本系统,否则调度用户到所述最新版本系统。

优选的,还包括查找后台服务器上运行的版本系统上的在线用户,当版本系统上没有在线用户时则关闭该版本系统的控制模块。

优选的,所述调度模块还用于获取用户选择的版本并根据用户选择的版本将用户调度到对应的版本系统。

优选的,还包括获取用户的更新选择,根据用户的更新选择从后台服务器上运行的版本系统中获取需要更新的数据,并对用户当前使用的版本系统进行更新的更新模块。

上述云服务的无缝升级方法和系统,通过在后台运行至少两个版本系统,对于新上线的用户则调度到新版本,而老版本正在使用的在线用户则继续使用老版本,不需要用户中断当前正在使用的业务就能实现无缝升级,因此既能实现无缝升级又在升级过程中不会影响用户使用业务。

9.2.3　云服务无缝升级的方法

如图 9.6 所示,一种云服务的无缝升级方法,包括以下步骤:

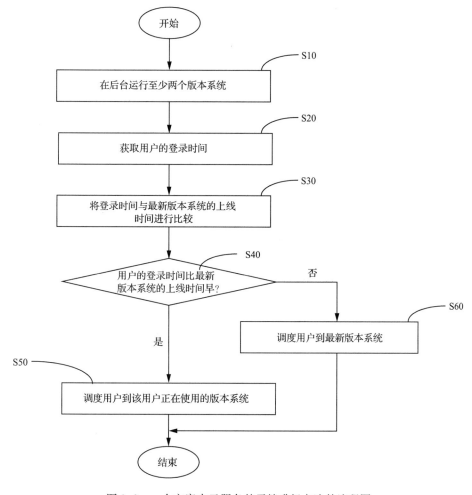

图 9.6　一个方案中云服务的无缝升级方法的流程图

步骤 S10,在后台运行至少两个版本系统。

步骤 S20,获取用户的登录时间。

步骤 S30,将登录时间与最新版本系统的上线时间进行比较。

步骤 S40,判断用户的登录时间比最新版本系统的上线时间是否早,若是,则进入步骤 S50,否则进入步骤 S60。

步骤 S50,调度用户到该用户正在使用的版本系统。对后台运行的版本系统上的在线用户,则继续使用该用户当前使用的版本系统。当后台运行的版本系统上没有在线用户时,则关闭该版本系统。

步骤 S60,调度用户到最新版本系统。由于后台运行的版本系统上没有在线用户时,则关闭该版本系统,对于新上线的用户,即用户的登录时间比最新版本系统的上线时间晚时,则调度这些新上线的用户到最新版本系统。这样,不需要停止用户对老版本的在线使用,用户使用完毕后退出,在最后一个用户退出该版本系统时,则关闭该版本系统,新上线的用户调度到最新版本,实现了云服务的无缝升级,且在升级过程中不会影响用户使用业务。

在一个方案中,上述方法还包括获取用户选择的版本并根据用户选择的版本将用户调度到对应的版本系统的步骤。该方案中,后台运行的多个版本系统都有对应的版本号,用户登录时可选择使用的版本号,根据用户选择的版本号将用户调度到对应的版本系统。

在另一个方案中,上述方法还包括获取用户的更新选择,根据用户的更新选择从后台运行的版本系统中获取需要更新的数据,并对用户当前使用的版本系统进行更新的步骤。该方案中,用户对当前使用的版本系统可进行全部更新或部分更新,获取用户的更新选择,则可从后台获取对应的数据进行更新。

如图 9.7 所示,一种云服务的无缝升级系统,包括时间检测模块 10、调度模块 20 和后台服务器 30,其中:时间检测模块 10 用于获取用户的登录时间,将用户登录时间与最新版本系统的上线时间进行比较;调度模块 20 用于当用户的登录时间比最新版本系统的上线时间早时,调度用户到该用户正在使用的版本系统,否则调度用户到最新版本系统;后台服务器 30 用于运行至少两个版本系统。对新上线的用户则调度到新版本,老版本的在线用户继续使用老版本,实现升级时不会影响用户使用业务。

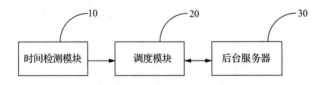

图 9.7　一个方案中云服务的无缝升级系统的结构框图

如图 9.8 所示,在一个方案中,云服务的无缝升级系统除了包括上述时间检测模块 10、调度模块 20 和后台服务器 30 外,还包括控制模块 40 和更新模块 50,其中:控制模块 40 用于查找后台服务器 30 上运行的版本系统上的在线用户,当版本系统上没有在线用户时则关闭该版本系统;更新模块 50 用于获取用户的更新选择,根据用户的更新选择从后台服务器 30 上运行的版本系统中获取需要更新的数据,并对用户当前使用的版本系统进行更新。

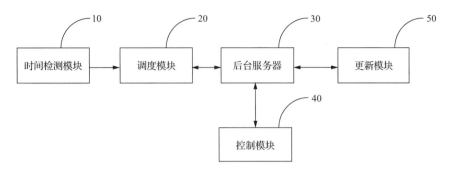

图 9.8　另一个方案中云服务的无缝升级系统的结构框图

该方案中,调度模块 20 还用于获取用户选择的版本并根据用户选择的版本将用户调度到对应的版本系统。

上述云服务的无缝升级方法和系统,通过在后台运行至少两个版本系统,对于新上线的用户则调度到新版本,而老版本正在使用的在线用户则继续使用老版本,不需要用户中断当前正在使用的业务就能实现升级,因此既能实现无缝升级又在升级过程中不会影响用户使用业务。

9.3　视频点播数据处理

本方法给出一种视频点播数据的多级云处理方法及多级云处理系统。该多级云处理方法包括步骤:

A. 接收视频点播数据的处理需求;

B. 获取所述处理需求的周期范围内所有低一级别的周期的处理结果的数据存储位置;

C. 构造云计算系统可识别的分级云处理参数;

D. 基于所述处理需求的类型对所述数据存储位置和所述分级云处理参数进行处理,并将处理结果存储在历史处理结果数据库中。

本方法通过采用多级云处理的方式来重复利用视频点播数据的周期性,达到重复利用已有处理结果、加快处理速度、减少处理时间的目的。

9.3.1　现有视频点播数据处理技术的不足

视频点播(video on demand,VOD)是根据用户的要求播放节目的视频点播系统,其把用户点击或选择的视频内容传输给用户,以便用户进行观看。在这个过程中,视频点播服务器可以记录用户点播的有关信息(诸如点播的时间、点播的用户信息、点播的节目信息等),而记录下来的视频点播数据就需要对其进行处理。

现有的视频点播数据的处理方式包括非云处理方式和云处理方式,其中,非云处理方式就是传统的数据库查询和统计方式,难以大规模扩展,而且数据库的购买费用高;而云处理方式均是单级的、一次性的统计,没有进行分级处理。对视频点播数据进行单级云处理。例如,对一个星期的视频点播数据进行排序完毕,再对一个月的视频点播数据进行排序时,又要重新进行排序,而没有重复利用之前的一个星期的排序结果,这样之前已经处理过的数据又被重新处理了一遍,导致处理的时间延长,处理的速度也变慢,而且浪费了计算资源。

9.3.2 视频点播数据多级云处理的原理

本方法的目的在于提供一种视频点播数据的多级云处理方法,其中,所述多级云处理方法包括步骤:

A. 接收视频点播数据的处理需求;

B. 获取所述处理需求的周期范围内所有低一级别的周期的处理结果的数据存储位置;

C. 构造云计算系统可识别的分级云处理参数;

D. 基于所述处理需求的类型对所述数据存储位置和所述分级云处理参数进行处理,并将处理结果存储在历史处理结果数据库中。

此外,所述步骤 B 进一步包括步骤:

B1. 提取所述处理需求的类型和周期;

B2. 基于所述处理需求的类型和周期从视频点播数据处理周期知识库中取出比所述处理需求的周期低一级别的周期;

B3. 基于所述处理需求的类型和所述处理需求的周期范围内所有低一级别的周期从历史处理结果数据库中取出所述处理需求的周期范围内所有低一级别的周期的处理结果的数据存储位置。

此外,所述视频点播数据处理周期知识库包括所述处理需求的类型字段、所述处理需求的周期级别字段和可扩展的具体级别对应的周期字段。

此外,所述步骤 C 的实现方法是利用分级处理参数构造模块将所述处理需求构造为对所述处理需求的类型以及所述处理需求的周期范围内所有低一级别的周期的处理结果的处理需求,进而将该构造的处理需求转化为云计算系统可识别的分级云处理参数。

本方法的另一目的还在于提供一种视频点播数据的多级云处理系统,其中,所述多级云处理系统包括:终端处理模块,用于获取视频点播数据的处理需求的周期范围内所有低一级别的周期的处理结果的数据存储位置,并构造云计算系统可识别的分级云处理参数;云计算系统,基于所述处理需求的类型对所述数据存储位置和所述分级云处理参数进行处理,并将处理结果存储在历史处理结果数据库中。

此外,所述终端处理模块包括:输入模块,用于接收视频点播数据的处理需求;获取数据存储位置模块,用于提取所述处理需求的类型和周期,并获取所述处理需求的周期范围内所有低一级别的周期的处理结果的数据存储位置;分级处理参数构造模块,用于将所述处理需求构造为对所述处理需求的类型以及所述处理需求的周期范围内所有低一级别的周期的处理结果的处理需求，并将该构造的处理需求转化为云计算系统可识别的分级云处理参数。

此外，所述获取数据存储位置模块包括：级别匹配模块，用于提取所述处理需求的类型和周期，并基于所述处理需求的类型和周期从视频点播数据处理周期知识库中取出比所述处理需求的周期低一级别的周期；查询数据存储位置模块，基于所述处理需求的类型和所述处理需求的周期范围内所有低一级别的周期从所述历史处理结果数据库中查询获取所述处理需求的周期范围内所有低一级别的周期的处理结果的数据存储位置。

此外，所述视频点播数据处理周期知识库包括所述处理需求的类型字段、所述处理需求的周期级别字段和可扩展的具体级别对应的周期字段。

本方法的视频点播数据的多级云处理方法及多级云处理系统，通过采用多级云处理的方式来重复利用视频点播数据的周期性，达到重复利用已有处理结果、加快处理速度、减少处理时间的目的。

9.3.3　视频点播数据多级云处理的方法

图 9.9 是根据本方法的方案的视频点播数据的多级云处理方法的流程图。

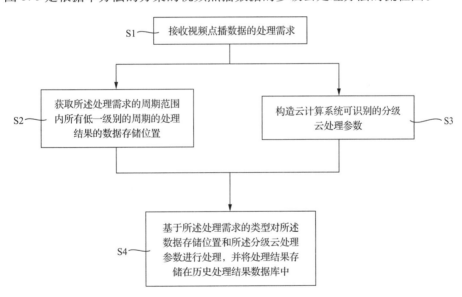

图 9.9　方案的视频点播数据的多级云处理方法的流程图

参照图 9.9，根据本方法的方案的视频点播数据的多级云处理方法包括步骤：

S1. 接收视频点播数据的处理需求 requirement(i)。

S2. 获取该视频点播数据的处理需求的周期 T(requirement(i)) 范围内所有低一级别的周期 T(requirement(i))-1 的处理结果的数据存储位置。

S3. 构造云计算系统可识别的分级云处理参数。

S4. 基于该视频点播数据的处理需求 requirement(i) 的类型 type(requirement(i))，

利用云计算系统将步骤 S2 得到的数据存储位置和由步骤 S3 得到的分级云处理参数进行处理,并将处理结果存储在历史处理结果数据库中。

步骤 S2 进一步包括:

S21. 提取视频点播数据的处理需求 requirement(i) 的类型 type(requirement(i)) 和周期 T(requirement(i))。

S22. 基于视频点播数据的处理需求 requirement(i) 的类型 type(requirement(i)) 和周期 T(requirement(i)),从视频点播数据处理周期知识库中取出比视频点播数据的处理需求 requirement(i) 的周期 T(requirement(i)) 低一级别的周期 T(requirement(i))-1。在该步骤中,根据对视频点播数据处理需求 requirement(i) 的周期 T(requirement(i)) 的要求而建立视频点播数据处理周期知识库,并且该视频点播数据处理周期知识库包括视频点播数据的处理需求 requirement(i) 的类型 type(requirement(i)) 字段、视频点播数据的处理需求 requirement(i) 的周期级别字段和可扩展的具体级别对应的周期字段。例如,视频点播数据可是对视频节目按每 3 天、每周、每月或每年而进行统计的播放数,这表明对“视频节目的点播数统计”这种视频点播数据的处理有 4 种处理周期,分别是按 3 天统计、按周统计、按月统计或按年统计,但本方法并不以此为限。

S23. 基于视频点播数据的处理需求 requirement(i) 的类型 type(requirement(i)) 和视频点播数据的处理需求 requirement(i) 的周期 T(requirement(i)) 范围内所有低一级别的周期 T(requirement(i))-1,从历史处理结果数据库中取出视频点播数据的处理需求 requirement(i) 的周期 T(requirement(i)) 范围内所有低一级别的周期 T(requirement(i))-1 的处理结果的数据存储位置。

此外,在步骤 S3 中,可利用分级处理参数构造模块将接收到的视频点播数据的处理需求 requirement(i) 自动构造为对视频点播数据的处理需求 requirement(i) 的类型 type(requirement(i)) 以及视频点播数据的处理需求 requirement(i) 的周期 T(requirement(i)) 范围内所有低一级别的周期 T(requirement(i))-1 的处理结果的处理需求,进而将构造成的处理需求自动转化为云计算系统可识别的分级云处理参数。

在步骤 S4 中,将视频点播数据的处理需求 requirement(i) 的类型 type(requirement(i)) 作为云计算系统选择处理函数的参数,换句话说,云计算系统根据视频点播数据的处理需求 requirement(i) 的类型 type(requirement(i)) 来选择处理函数,而将由步骤 S3 构造而成的云计算系统可识别的分级云处理参数和由步骤 S2 取出的视频点播数据的处理需求的周期 T(requirement(i)) 范围内所有低一级别的周期 T(requirement(i))-1 的处理结果的数据存储位置分别作为云计算系统处理数据的输入参数和输入参数的位置;云计算系统根据选择的处理函数对输入参数和输入参数的位置进行处理,并根据视频点播数据的处理需求 requirement(i) 的类型 type(requirement(i)) 和周期 T(requirement(i)) 将处理结果存储在历史处理结果数据库中的对应位置。

根据本方法的方案的视频点播数据的多级云处理方法,通过采用多级云处理的方式来重复利用视频点播数据的周期性,达到重复利用已有处理结果、加快处理速度、减少处理时间的目的。

图 9.10 是根据本方法的方案的视频点播数据的多级云处理系统的架构图。

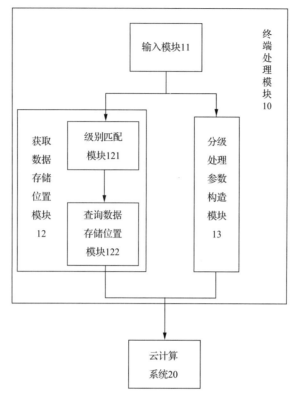

图 9.10　方案的视频点播数据的多级云处理系统的架构图

参照图 9.10,根据本方法的方案的视频点播数据的多级云处理系统包括:终端处理模块 10,用于获取视频点播数据的处理需求 requirement(i) 的周期 T(requirement(i)) 范围内所有低一级别的周期 T(requirement(i))-1 的处理结果的数据存储位置,并构造云计算系统 20 可识别的分级云处理参数;云计算系统 20,基于视频点播数据的处理需求 requirement(i) 的类型 type(requirement(i)) 对获取的数据存储位置和构造的分级云处理参数进行处理,并将处理结果存储在历史处理结果数据库中。

以下将对终端处理模块 10 进行详细的说明。

终端处理模块 10 包括输入模块 11、获取数据存储位置模块 12 和分级处理参数构造模块 13。具体而言,输入模块 11 用于接收视频点播数据的处理需求 requirement(i);获取数据存储位置模块 12 用于提取视频点播数据的处理需求 requirement(i) 的类型 type(requirement(i)) 和周期 T(requirement(i)),并获取视频点播数据的处理需求 requirement(i) 的周期 T(requirement(i)) 范围内所有低一级别的周期 T(requirement(i))-1 的处理结果的数据存储位置;分级处理参数构造模块 13 用于将接收到的视频点播数据的处理需求 requirement(i) 自动构造为对视频点播数据的处理需求 requirement(i) 的类型 type(requirement(i)) 以及视频点播数据的处理需求 requirement(i) 的周期 T(requirement(i)) 范围内所有低一级别的周期 T(requirement(i))-1 的处理结果的处理需求,进而将自动构造的处理需求自动转化为云计算系统 20 可识别的分级云处理参数。

此外,获取数据存储位置模块 12 包括级别匹配模块 121 和查询数据存储位置模块 122。

级别匹配模块 121 根据输入模块 11 接收的视频点播数据的处理需求 requirement(i) 而提取该视频点播数据的处理需求 requirement(i) 的类型 type(requirement(i)) 和周期 T(requirement(i)),并基于视频点播数据的处理需求 requirement(i) 的类型 type(requirement(i)) 和周期 T(requirement(i)),从视频点播数据处理周期知识库中取出比视频点播数据的处理需求 requirement(i) 的周期 T(requirement(i)) 低一级别的周期 T(requirement(i))-1。这里,需要说明的是,根据对视频点播数据处理需求 requirement(i) 的周期 T(requirement(i)) 的要求而建立视频点播数据处理周期知识库,并且该视频点播数据处理周期知识库包括视频点播数据的处理需求 requirement(i) 的类型 type(requirement(i)) 字段、视频点播数据的处理需求 requirement(i) 的周期级别字段和可扩展的具体级别对应的周期字段。例如,视频点播数据可是对视频节目按每 3 天、每周、每月或每年而进行统计的播放数,这表明对"视频节目的点播数统计"这种视频点播数据的处理有 4 种处理周期,分别是按 3 天统计、按周统计、按月统计或按年统计,但本方法并不以此为限。

查询数据存储位置模块 122 基于视频点播数据的处理需求 requirement(i) 的类型 type(requirement(i)) 和视频点播数据的处理需求 requirement(i) 的周期 T(requirement(i)) 范围内所有低一级别的周期 T(requirement(i))-1 而从历史处理结果数据库中查询获取视频点播数据的处理需求 requirement(i) 的周期 T(requirement(i)) 范围内所有低一级别的周期 T(requirement(i))-1 的处理结果的数据存储位置。

以下将对云计算系统 20 进行详细的说明。

对于云计算系统 20,可将视频点播数据的处理需求 requirement(i) 的类型 type(requirement(i)) 作为云计算系统 20 选择处理函数的参数,换句话说,云计算系统 20 根据视频点播数据的处理需求 requirement(i) 的类型 type(requirement(i)) 来选择处理函数,而将由分级处理参数构造模块 13 构造的云计算系统 20 可识别的分级云处理参数和由查询数据存储位置模块 122 获取的视频点播数据的处理需求的周期 T(requirement(i)) 范围内所有低一级别的周期 T(requirement(i))-1 的处理结果的数据存储位置分别作为云计算系统 20 处理数据的输入参数和输入参数的位置;云计算系统 20 根据选择的处理函数对输入参数和输入参数的位置进行处理,并根据视频点播数据的处理需求 requirement(i) 的类型 type(requirement(i)) 和周期 T(requirement(i)) 将处理结果存储在历史处理结果数据库中的对应位置。

根据本方法的方案的视频点播数据的多级云处理系统,通过采用多级云处理的方式来重复利用视频点播数据的周期性,达到重复利用已有处理结果、加快处理速度、减少处理时间的目的。

参 考 文 献

朱定局 . 2011. 智慧数字城市并行方法 . 北京:科学出版社 .

朱定局 . 2011. 自然云计算理论 . 北京:科学出版社 .

Zhu D J. 2011. Cloud robot system and method of integrating the same: U. S. Patent Application 13/
    818,739.

后　记

　　大数据智慧计算是一个相对的概念。所以本书中的大数据智慧计算原理与方法,在当前来说是智慧的,但在几十年后,就不一定是智慧的了,因为会有更加智慧的计算原理与方法推陈出新,这样才能使得计算机系统不断成长,等到计算机系统的智商达到成年时,虽然还在久远的将来,但可以想象,那个年代的生活将会更加美好,因为我们大部分的脑力劳动都可以由计算机来代劳了。

　　本书将跳板、耦合、经验、冗余、自适应、自动化、增量、分治智慧融入了计算之中。例如,利用跳板大数据智慧计算原理与方法,使得云计算的调度与绿色能源的调度连接了起来;使得虚拟建模与物联网连接了起来;使得移动终端与超级计算机连接了起来。利用耦合大数据智慧计算原理与方法,使得分布式供电节点与分布式用电节点得到了耦合;使得不同的云系统间得到了耦合;使得结构化数据与非结构化数据库在云中得到了耦合。利用先验大数据智慧计算原理与方法,使得事先后台的仿真结果可以用于实时突发事件的仿真;使得对各作者的文学作品的统计可以用于鉴别文学作品的作者。利用冗余大数据智慧计算原理与方法,使得损失了微小的重叠边界存储,换来了大幅度的并行处理时网络通信量的降低;使得损失了不同版本同时存在的系统开销,换来了用户体验的大幅度提高;使得损失了各周期结果数据存储开销,换来了更高级别周期数据处理速度的大幅度提高。利用自适应大数据智慧计算原理与方法,使得云计算系统可以适应不同的网络环境、服务端环境、客户端环境,来调用不同的模块;使得超级计算机可以根据任务对节点的具体需求,将任务调度到相应计算能力的节点;使得广告可以根据网页内容进行插入。利用自动大数据智慧计算原理与方法,使得数字城市可以从遥感影像中自动重建出来;使得多媒体可以自动地被合适地切分;使得某些机器人加入或离开巡逻队伍,巡逻队伍能够自动得到重新调配。利用增量大数据智慧计算原理与方法,才使得数字城市的更新无法从头再来;使得知识库能与时俱进,逐渐扩展知识、提高知识的准确度;使得进行更细粒度的比对时,无需重复比对粗粒度中已经匹配成功的视频段。利用分治大数据智慧计算原理与方法,使得视频可以分为很多视频段同时转码;使得多机器人的任务可以分发给很多云节点分别同时地处理;才使得密码可以隐藏在各云数据分块的分布中。

　　智慧是无法强加给计算机系统的,所以必须融入到计算机的灵魂之中,而且这种融入不应该是强加的或形式上的,而应该是能产生实际效果的融入,应该是能真正地提高计算机系统智商的融入。